モンゴル大恐竜

ゴビ砂漠の大型恐竜と鳥類の進化

小林快次・久保田克博

北海道大学出版会

前見返し:サウロロフスの生体復元画／小田　隆
後見返し:サイカニアの生体復元画／小田　隆
扉:ベロキラプトルとプロトケラトプスの格闘恐竜化石
扉裏:サウロロフスの頭骨

あいさつ

　まずはじめに，この本の出版年(2006年)はモンゴル建国800周年であり，我国において特別な年です。この記念すべき年に，この本を出版できたこと，北海道大学総合博物館の企画展が開催されたことをたいへん喜ばしく思います。また，展示の機会を与えてくれた北海道大学に感謝いたします。

　モンゴルにおいて本格的な恐竜研究は，1920年代の初期にはじまり，現在まで80年以上の歴史をもちます。これまでにたくさんの恐竜化石が発掘され，世界に誇る恐竜王国として知られています。産出する恐竜は数多く，格闘したままのかっこうで化石化されたものや，卵を温めている状態で発見された恐竜など，恐竜の生活を復元するものまで，質の高い恐竜化石が発見されています。これらの恐竜化石は，モンゴル独自の発掘やモンゴルと他国の共同発掘によって発見してきたものです。現在も複数の日本の研究施設がモンゴルの恐竜発掘を行っています。北海道大学もモンゴルの恐竜研究に大きく貢献しており，とくにモンゴルから多数発見されているオルニトミモサウルス類の研究において大きな成果をあげています。その研究成果を，今回展示や本というかたちにかえて，みなさんに情報公開できることをうれしく思います。わたしは，恐竜が国々の交流の媒体となりえるもので，おたがいについて深い理解をもつことになるものだと信じております。これをきっかけに，恐竜以外についてもモンゴルについて，もっと興味をもっていただければと思っています。

モンゴル科学アカデミー古生物学センター　所長
リンチェン・バルズボルド

　昭和9(1934)年，当時北海道帝国大学(現・北海道大学)の長尾巧教授によってサハリンで植物食恐竜の化石が発掘されました。長尾教授は昭和11年にこの恐竜をニッポノサウルスと命名しましたが，これは，"日本初"の恐竜化石(発表当時サハリンは樺太とよばれた日本領)で，日本人による初の恐竜命名となったものです。北海道大学は，日本恐竜研究史の幕開けになった舞台ともいえるのです。しかし，その後の恐竜研究において日本はモンゴルをはじめとした世界の国々にくらべ，少々出遅れてしまった感がありました。ところが最近になって日本の恐竜に関する研究成果は目を見張るものがあり，世界からも注目されはじめています。日本各地から恐竜化石が発見されるようになってきました。北海道もその１つで，小平町，夕張市，中川町の白亜紀後期の地層から恐竜化石が発見されています。また，北海道大学は日本恐竜研究の先駆けになった研究施設として今も日本の恐竜研究に大きく貢献している大学であります。

　平成18(2006)年夏，北海道大学総合博物館は，札幌農学校開設130周年記念事業の一環として企画展「モンゴルの恐竜」を開催し，また，本書を発行することとなりました。本企画展および本書はモンゴル科学アカデミー古生物学センターと北海道大学の共同研究の成果の一端を公開するものであります。記念の年にモンゴルの恐竜をむかえ，学問的側面から光をあてた一味ちがった恐竜展を開催できますことにささやかな満足感を味わっております。この展示と本書が恐竜研究におけるさらなる学術交流のきっかけになることができればと願っております。

北海道大学総合博物館　館長
藤田　正一

●目次

モンゴル恐竜の研究史　5

モンゴルの地質　6

モンゴルの恐竜　8

 もっとも成功した二足歩行恐竜 獣脚類　13

  地球史上最強で最大の肉食動物 ティラノサウルス類　14

   タルボサウルス・バタール　14

  最速の足をもつ恐竜 オルニトミモサウルス類　19

   ハルピミムス・オクラドニコビ　21/ ガルディミムス・ブレビペス　22/ "ガリミムス・モンゴリエンシス"　23

  鳥類のように子育てをした恐竜 オビラプトロサウルス類　25

   シチパチ・オズモルスカエ　27/ リンチェニア・モンゴリエンシス　28/ インゲニア・ヤンシニ　29/ コンコラプトル・グラシリス　30

  小型ながら獰猛な恐竜 ドロマエオサウルス科　31

   アダサウルス・モンゴリエンシス　33/ ベロキラプトル・モンゴリエンシス　34

  鳥類の祖先に近いと考えられる恐竜 そのほかの獣脚類　36

   サウロルニトイデス・ジュニア　37/ モノニクス・オレクラヌス　38/ テリジノサウルス・ケロニフォルミス　38

  鳥類への旅立ち 獣脚類から鳥類へ　39

 巨大化した恐竜 竜脚類　42

 植物食にもっとも適応した恐竜 鳥脚類　44

  イグアノドン類の恐竜　46/ サウロロフスの一種　47

 頭骨に襟飾りと角をもった恐竜 角竜類　48

  バガケラトプス・ロジェドストベンスキ　50/ プロトケラトプス・アンドリューシ　51

 ヘルメットのような頭をもつ恐竜 堅頭類　52

  ホマロケファレ・カラソケルコス　54

 鎧を身にまとった恐竜 鎧竜類　55

  サイカニア・チュルサネンシス　57

 恐竜の卵化石　58

恐竜の大量絶滅　59

恐竜化石の発掘風景　61
恐竜化石の発掘過程　62
恐竜化石を取りだす過程　62
恐竜化石の組み立て作業　63

モンゴル恐竜の研究史

　モンゴルにおいて，はじめて行われた大がかりな恐竜発掘調査は，1920年代にさかのぼる。現在まで80年以上にわたり数多くの発掘が行われてきた。モンゴル恐竜調査の歴史は，大きく4つの時期に分けることができるだろう。第1期はおもに1920年代，第2期は1940年代，第3期はおもに1960年代，そして第4期は1990年代から現在までだ。

　恐竜化石の存在は，1890年代にロシアの地質学者によって報告されていたが，くわしい調査はされないままであった。本格的な発掘調査はアメリカ自然史博物館のロイ・チャップマン・アンドリュースが率いた調査隊によって，1922年から1930年まで行われた。この調査で，白亜紀前期の地層から原始的な角竜類のプシッタコサウルス，白亜紀後期の地層から角竜類のプロトケラトプス，小型獣脚類のベロキラプトルやオビラプトル，恐竜の卵の巣，哺乳類などが発見された。この時期に重なる1920年代から1930年代に，いくつかの旧ソ連のチームによる中生代と新生代の地質調査が行われた。さらに，旧ソ連のチームは1946年から1949年まで古生物学的な調査を行い，ネメグト盆地の産地からタルボサウルスやサウロロフスなど数多くの恐竜を発掘した。1963年から1971年まで，ポーランドがモンゴルと共同調査を行い，格闘恐竜をはじめとした多くの恐竜を発掘する。このとき，後にモンゴル恐竜研究の父ともいえる，若きリンチェン・バルズボルド博士が調査に参加しはじめる。ポーランド・モンゴル共同調査と時期を重ねて，1967年から旧ソ連もモンゴルと共同調査を行っていた。1990年のモンゴル民主化以降，アメリカ，日本，イギリス，ドイツ，中国などが多くの共同調査を行っている。このように，古くからモンゴルは恐竜研究において欠かせない国であり，これまでに膨大な数の恐竜が発見されている。現在も恐竜発掘調査は続けられており，いまだ新しい恐竜がつぎつぎと発見されるなか，まだまだ未開拓の地層もたくさん残されている。

モンゴルの風景

リンチェン・バルズボルド博士

モンゴルの地質

　モンゴルの地質は，そのほとんどが陸成の堆積物からなる。中生代では，ジュラ紀の地層は西部に点在しており，白亜紀のものは南部に広範囲にわたって広がっている。

　モンゴル西部に位置するダリブという町の近くには，ジュラ紀後期から白亜紀前期までの地層が露出している。ジュラ紀後期のダリブ層から幾層準にもわたって多数の竜脚類骨化石の発見が1997年に発表されている。骨の産出は1973年には認識されていたが，くわしい研究はされていなかった。ダリブ層の堆積時は季節性があり湿気のある環境で，そこに流れる河川堆積物によって形成されている。骨化石は河川の氾濫原に集中していた。ダリブ層よりもさらに上位には，ゼレグ層という白亜紀前期の湖の堆積物が存在する。そこからは，中国の遼寧省の地層にもみられる昆虫や魚の化石が数多く発見されている。また，羽毛の化石もみつかっている。

　ツァガアンツァブ層が堆積した白亜紀前期の初期(Berriasian-Valanginian)は，湖の形成と火山活動に特徴づけられ，湖の堆積物がモンゴルの中央部や東部，南部に分布している。その後，モンゴル北部と西部の隆起によってジュラ紀に形成された盆地への堆積物の流入がとまった。そして，シネクフダグ層の時代(Hauterivian-Barremian)の終わりには火山活動もゆるやかになる。白亜紀前期の後半(Aptian-Albian)になると，より湿潤な気候になり，モンゴルの北部と西部においては造山運

●モンゴルの地質図(Mineral Resources and Petroleum Authority of Mongolia, 2005 より)

動のため堆積物が少ないが，南部では盆地が発達し湖や河川の堆積物が豊富になる。このときに形成された堆積物がフテエグ層である。シネクフダグ層とフテエグ層は，白亜紀前期の恐竜化石を多く含んでいる。

　白亜紀後期の地層は比較的乾燥した環境下で堆積し，下からバヤンシレ層(Cenomanian-Santonian)，バルンゴヨット層(Santonian-Campanian)，ネメグト層(Maastrichtian)の3つの地層に分けることができる。すべての地層から恐竜は発見されるが，ネメグト層がもっとも豊富に恐竜を産出する。白亜紀後期は，地形が浸食され平坦化される時期で，とくに南部に厚く堆積する。バヤンシレ層の堆積時はまだ湿潤な環境であったとされ，湖が拡大しはじめ恐竜にとって棲みやすい環境になっていった。バルンゴヨット層堆積時の初期になると湖がさらに拡大し，南部地域に広がっていた。中国まで侵入していた海ともつながっていた時期があったようで，海棲のサメの化石なども産出している。バルンゴヨット層後期になるとゆっくりとした隆起により，湖は縮小していった。その湖には河川が流れこみ，まわりは乾燥し砂丘などの風で運ばれた堆積物が卓越した。ネメグト層の堆積時は，さらに湖の縮小が進んでいく。残された湖の辺やそこに流れこんでいく河川の近くで恐竜たちは生活をしていたと考えられている。

●モンゴルの地層対比表(Shuvalov, 2000 より改編)

	Age	ゴビ西部	トランス-アルタイ ゴビ	モンゴル中央部	モンゴル南部	モンゴル西部
白亜紀後期	Maa		ネメグト層			
白亜紀後期	San-Cmp		バルンゴヨット層			
白亜紀後期	Cen-San		バヤンシレ層			
白亜紀前期	Apt-Alb	フテエグ層	バルワンバヤン層 ドシュウル層	クルサンゴル層	ウラアンデル層	ゼレグ層
白亜紀前期	Hau-Bar	シネクフダグ層	アルタンウウル層	アンダイクダグ層	ツァガアンゴル層	グルバンエレエン層
白亜紀前期	Ber-Val	ツァガアンツァブ層		オンドルクア層		

Shuvalov, V. F. 2000. The Cretaceous stratigraphy and palaeobiologeography of Mongolia; pp. 256–278 in M. J. Benton, M. A. Shishkin, D. M. Unwin, and E. N. Kurochkin (eds.), The Age of Dinosaurs in Russia and Mongolia. Cambridge University Press, Cambridge.

モンゴルの恐竜

　モンゴルには，世界でも有数の恐竜化石の産地が多数存在する。中国，アメリカ，カナダ，アルゼンチンなど，世界各地から恐竜化石が発見されているが，モンゴルからの恐竜化石の産出量はどの国にもひけをとらない。とくに白亜紀後期の恐竜は多数発見されており，当時のアジアの生態系を復元するには欠かせないものだ。また，モンゴルにはジュラ紀後期や白亜紀前期の地層も露出しており，そこから白亜紀後期に繁栄した恐竜の進化を考えるうえで重要な化石が発見されている。

　恐竜類という分類群は，大きく鳥盤類と竜盤類の2つに分けられる。さらにそれぞれの分類群はいくつかの分類群に細分される。鳥盤類は，鎧竜類，剣竜類，鳥脚類，堅頭類，角竜類に分けられ，竜盤類は竜脚類と獣脚類を含む。それぞれの分類群は固有の特徴をもち，独自の進化を遂げていく。剣竜類はジュラ紀中期から白亜紀前期まで繁栄した恐竜で，白亜紀後期の地層が多いモンゴルからは今のところ確実な剣竜類は発見されていない。しかし，それ以外の恐竜はすべて発見されている。

● 恐竜の系統樹

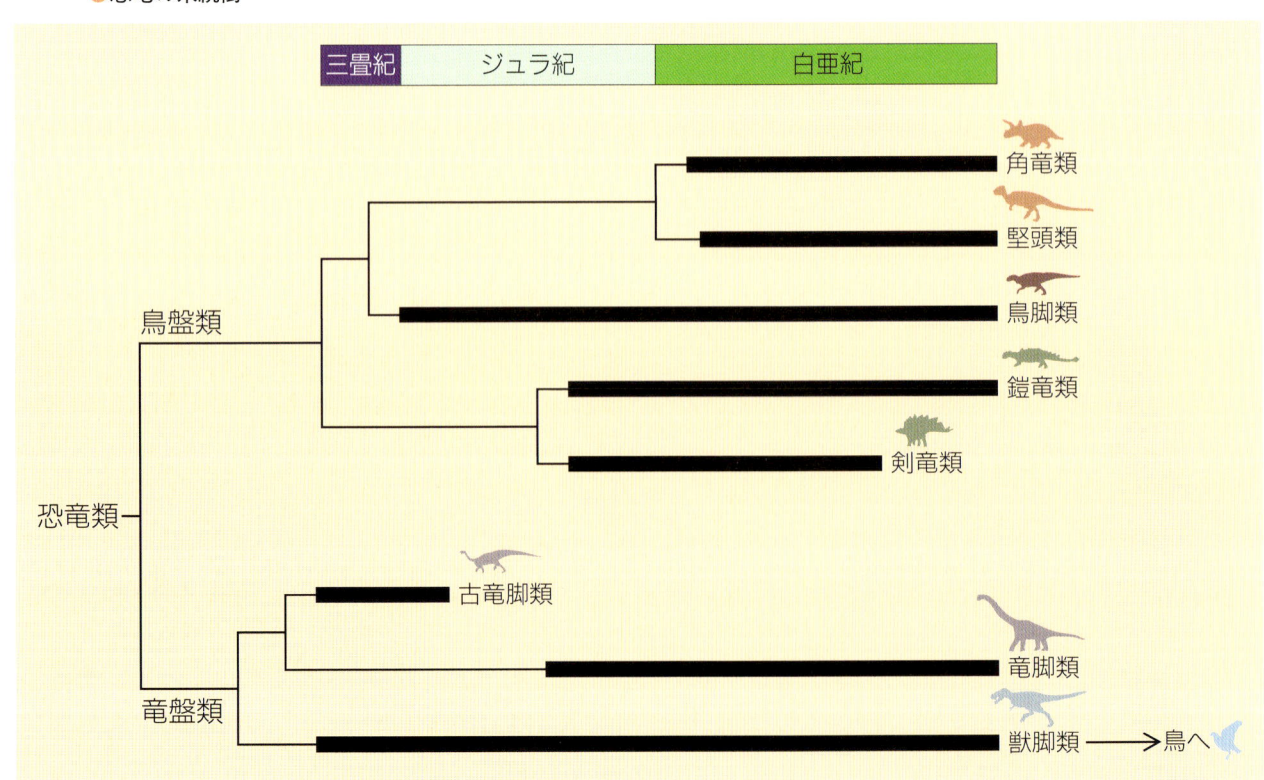

● モンゴル恐竜のおもな産地 (Weishampel et al., 2004 を参考に作成)

　モンゴルの西部にジュラ紀後期の地層が露出している。これがモンゴルでもっとも古い恐竜が産出する地層であり，ここから獣脚類と竜脚類の化石が発見されている。獣脚類は歯化石のみにて報告されているため，どの分類群のものなのかはわかっていない。一方，竜脚類は比較的豊富に産出し，中国から発見されているマメンチサウルスに類似していると考えられている。これらの竜脚類化石が1997年に発表されるまでは，モンゴルからジュラ紀の恐竜はあまり認識されていなかった。隣国の中国からジュラ紀後期の恐竜化石が多数発見されているにもかかわらず，ジュラ紀のモンゴルには恐竜が少なかったという考えもあった。しかし，この発見でその考えはくつがえされ，今ではジュラ紀のモンゴルにもたくさんの恐竜が棲んでいた可能性が考えられている。

モンゴル西部に露出するダリブ層（ジュラ紀後期）

Weishampel, D. B., P. M. Barrett, R. A. Corin, J. L. Locuff, X. Xu, X. Zhao, A. Sahni, E. Gomani, and C. Noto. 2004. Dinosaur distribution; pp. 517-606 in D. B. Weishampel, P. Dodson, and H. Osmólska (eds.), The Dinosauria. 2nd ed. University of California Press, Berkeley.

白亜紀前期の地層からは，角竜類，鎧竜類，鳥脚類，竜脚類，獣脚類が発見されている。角竜類の化石はすべて，原始的な角竜類のプシッタコサウルスのものだ。プシッタコサウルスは，白亜紀前期のアジアに広く分布していたと考えられる。とくに，中国からは数千にもおよぶ骨格化石が発見されている。鎧竜類のシャモサウルスはアンキロサウルス科の原始的なものと考えられている。また，中国のゴビサウルスと近縁な鎧竜類とされている。鳥脚類はイグアノドンとアルティリヌスが知られている。両者とも白亜紀後期に繁栄するハドロサウルス科の恐竜よりも原始的なもので，以前は"イグアノドン科"として分類されていた。イグアノドンはヨーロッパや北米にも生息していたが，アルティリヌスはモンゴルからしか発見されていない。竜脚類は，以前に歯化石に基づいて命名されていたアジアトサウルスがあったが，今ではこの化石は竜脚類ではあるものの断片的すぎて有効ではない恐竜とされている。2006年に，エルケツという体の大きさに対し首が長い竜脚類がモンゴル南東部から発見されている。獣脚類恐竜は，ハルピミムス(オルニトミモサウルス類)，ドロマエオサウルス科，トロオドン科の化石が発見されている。ドロマエオサウルス科とトロオドン科のものは断片的な化石だが，ハルピミムスはほぼ完全な骨格で，オルニトミモサウルス類の進化を解明するのに重要な標本として知られている。このように，白亜紀前期になると数多くの恐竜化石が発見されている。

　白亜紀後期の地層からみつかっている恐竜の骨格化石は数多く，種類にも富んでいる。その産地はモンゴル南西部と南東部に集中している。南西部の地域からは白亜紀後期の後半の恐竜が多数発掘され，南東部の地域からはそれよりも古い白亜紀後期の前半のものが発見されている。

モンゴル南東部に露出する白亜紀前期の地層

そのなかでも，獣脚類のコエルロサウルス類に属する恐竜の種類がとくに多く，白亜紀後期からみつかっている恐竜全体の半分以上を占める。コンプソグナトゥス科の恐竜だけが発見されていないが，ほかのコエルロサウルス類の主だった分類群はみつかっていて，とくにオビラプトロサウルス類の種類が豊富なことが特徴である。それぞれのグループにおいて，原始的なものから進化型のものまでみつかっているため，コエルロサウルス類の進化を語るには重要なものばかりである。竜脚類も白亜紀前期より多く発見されている。鳥盤類の恐竜では，とくに角竜類が多く発見されている。白亜紀後期になると，北米を中心に進化型の角竜類（ケラトプス科）が繁栄したことが知られている。同時代のモンゴルからは原始的な新角竜類が数多く発見され，角竜類のアジア起源説を支持している。鎧竜類は大きくアンキロサウルス科とノドサウルス科の2つに分かれるが，モンゴルからはアンキロサウルス科のみが発見されている。鳥脚類はすべてハドロサウルス科の恐竜で，その種類は30種近いとされる北米のものとくらべてひじょうに少ない。モンゴルの白亜紀後期の恐竜は数が多いだけでなく，保存のよさも特徴である。とくにネメグト盆地から発見される恐竜の骨格は骨がつながったほぼ完全な状態でみつかることもめずらしくない。その保存のよさのため，恐竜の生態を知るうえで重要な標本が産出している。肉食恐竜と植物食恐竜が格闘した状態のまま発見されたり，オビラプトロサウルス類が抱卵をした状態で発見されたりと，モンゴルの白亜紀後期の地層はつねに世界の注目を浴びているのである。

モンゴル南西部に露出するネメグト層（白亜紀後期）

●白亜紀から発見されているモンゴル恐竜

白亜紀前期の恐竜

獣脚類	ティラノサウルス類 オルニトミモサウルス類	*Bagaraatan ostromi* *Harpymimus okladnikovi*
竜脚類	チタノサウルス類	*Erketu ellisoni*
鎧竜類	アンキロサウルス科	*Shamosaurus scutatus*
鳥脚類	イグアノドン類	*Altirhinus kurzanovi* *Iguanodon bernissartensis*
角竜類	プシッタコサウルス科	*Psittacosaurus mongoliensis*

白亜紀後期の恐竜

獣脚類

コエルロサウルス類	*Archaeornithoides deinosauriscus*	
ティラノサウルス類	*Alectrosaurus olseni*	
	Alioramus remotus	
	Tarbosaurus bataar	
オルニトミモサウルス類	*Anserimimus planinychus*	
	Deinocheirus mirificus	
	Gallimimus bullatus	
	Garudimimus brevipes	
アルバレッツサウルス科	*Mononykus olecranus*	
	Parvicursor remotus	
	Shuvuuia deserti	
テリジノサウルス類	*Enigmosaurus mongoliensis*	
	Erlikosaurus andrewsi	
	Segnosaurus galbinensis	
	Therizinosaurus cheloniformis	
オビラプトロサウルス類	*Avimimus portentosus*	
	Citipati osmolskae	
	Conchoraptor gracilis	
	Elmisaurus rarus	
	Ingenia yanshini	
	Khaan mckennai	
	Nemegtomaia barsboldi	
	Nomingia gobiensis	
	Oviraptor philoceratops	
	Rinchenia mongoliensis	
トロオドン科	*Borogovia gracilicrus*	
	Byronosaurus jaffei	
	Saurornithoides junior	
	Saurornithoides mongoliensis	
	Tochisaurus nemegtensis	
ドロマエオサウルス科	*Achillobator giganticus*	
	Adasaurus mongoliensis	
	Velociraptor mongoliensis	
	Hulsanpes perlei	

竜脚類

サルタサウルス科	*Opisthocoelicaudia skarzynskii*
ディプロドクス類	*Nemegtosaurus mongoliensis*
	Quaesitosaurus orientalis

鎧竜類

アンキロサウルス亜科	*Amtosaurus magnus*
	Pinacosaurus grangeri
	Talarurus plicatospineus
	Tarchia gigantea
	Tsagantegia longicranialis
	Saichania chulsanensis

鳥脚類

ハドロサウルス科	*Bactrosaurus johnsoni*
	Barsboldia sicinskii
	Saurolophus angustirostris

角竜類

新角竜類	*Bagaceratops rozhdestvenskyi*
	Bainoceratops efremovi
	Graciliceratops mongoliensis
	Lamaceratops tereschenkoi
	Platyceratops tatarinovi
	Protoceratops andrewsi
	Udanoceratops tschizhovi

堅頭類

	Goyocephale lattimorei
	Homalocephale calathocercos
パキケファロサウルス科	*Tylocephale gilmorei*
	Prenocephale prenes

もっとも成功した二足歩行恐竜
獣脚類

　獣脚類恐竜は，恐竜の歴史のなかでもっとも成功したグループといえる。モンゴルの獣脚類恐竜のほとんどすべてが白亜紀のものであり，そのなかでも進化型の獣脚類であるコエルロサウルス類恐竜ばかりが発見されている。コエルロサウルス類よりも原始的なカルノサウルス類のような恐竜が，白亜紀のアジアに棲んでいなかったかというとそうでもない。中国からはチランタイサウルスやケルマイサウルス，日本からはフクイラプトルが発見されている。そのため，カルノサウルス類がモンゴルにも棲んでいた可能性は高く，たんにみつかっていないだけと考えられる。一方，コエルロサウルス類では，コンプソグナトゥス科のみがモンゴルから発見されていないだけで，そのほかのコエルロサウルス類のほとんどの分類群が発見されている。それぞれの分類群の原始的なものから進化型のものまで発見されているため，モンゴルの恐竜をみるだけでコエルロサウルス類の恐竜の進化をたどることができる。

● **獣脚類恐竜の系統樹**（Makovicky et al., 2005 を参考に作成）

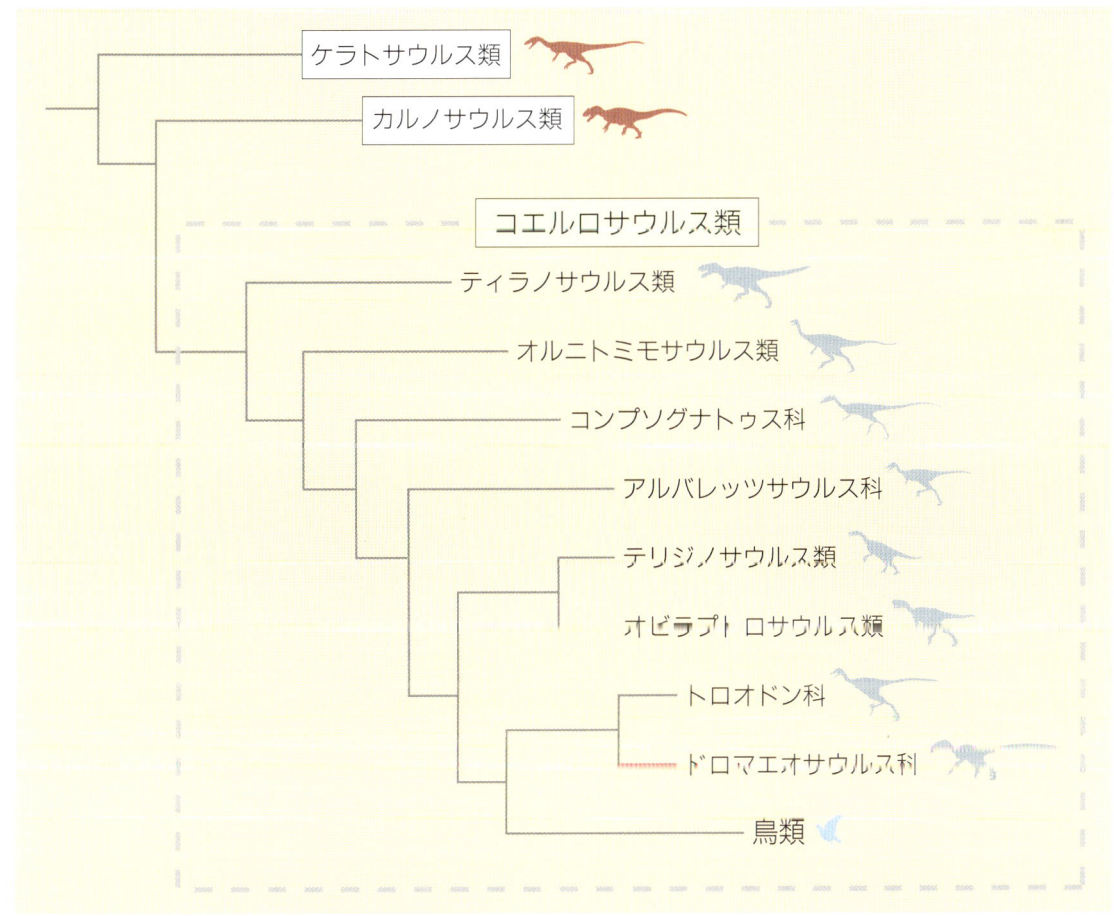

Makovicky, P., S. Apesteguía, and F. L. Agnolín. 2005. The earliest dromaeosaurid theropod from South America. Nature, 437: 1007–1011.

地球史上最強で最大の肉食動物
ティラノサウルス類

タルボサウルス・バタール *Tarbosaurus bataar*

分類：竜盤類　獣脚類　コエルロサウルス類　ティラノサウルス類　ティラノサウルス科
時代：白亜紀後期
産地：モンゴル　ネメグト盆地

　モンゴルのネメグト盆地から多数の獣脚類恐竜が発見されている。そのなかで最大のものがタルボサウルスである。タルボサウルスの骨格化石は比較的ひんぱんに発見され，ロシア－モンゴル共同発掘において7体ほど，ポーランド－モンゴルの共同発掘で3体ほどが発掘され，その後も発見は続いている。通常，獣脚類恐竜を発見できる確率は低いのだが，なぜこんなにタルボサウルスの骨格化石がみつかるのかは謎である。一方で，国境をこえた中国からのティラノサウルス科の化石発見例は少ない。タルボサウルスは顎の構造が多少ちがっているものの，北米のティラノサウルスに類似しており，系統解析においてもっとも近縁な動物群として考えられている。短い前肢はティラノサウルス類の特徴の1つであるが，タルボサウルスの前肢は，ほかのティラノサウルス類とくらべても，さらに短い。この短い前肢の機能はよくわかっていないが，みた目よりも力があったと考えられ，食べている獲物を押さえつけるために使われたのではないかという考えもある。

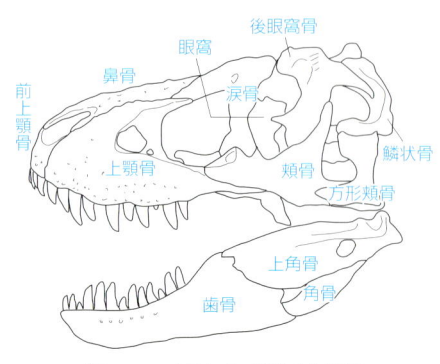

(Hurum and Sabath, 2003 より改編)

タルボサウルスの頭骨

Hurum J. H. and K. Sabath. 2003. Giant theropod dinosaurs from Asia and North America: Skulls of *Tarbosaurus bataar* and *Tyrannosaurus rex* compared. Acta Palaeontol. Pol., 48: 161-190.

ティラノサウルス・レックスは，世界でもっとも有名な恐竜といってもよい。その大きさと凶暴さは人々の興味をそそる。ティラノサウルスは，アメリカとカナダの白亜紀後期の地層から発見されている恐竜だが，その仲間は世界各地に生息していた。その1つとして，モンゴルのタルボサウルスがあげられる。タルボサウルスは体長12メートルをこえ，北米のティラノサウルスと同様に地球史上最大級の陸上肉食動物として知られている。モンゴルではタルボサウルス以外にも，バガラアタン，アレクトロサウルス，アリオラムスというティラノサウルス類が白亜紀後期の地層から発見されている。ティラノサウルス類のなかでも比較的進化型のティラノサウルス科は，ティラノサウルス亜科とアルバートサウルス亜科の大きく2つに分けられる。バガラアタンはティラノサウルス科よりも原始的なティラノサウルス類とされ，タルボサウルスはティラノサウルスと同様にティラノサウルス亜科に含まれる。アレクトロサウルスとアリオラムスの系統的位置は解明されていない。アリオラムスがティラノサウルス亜科に

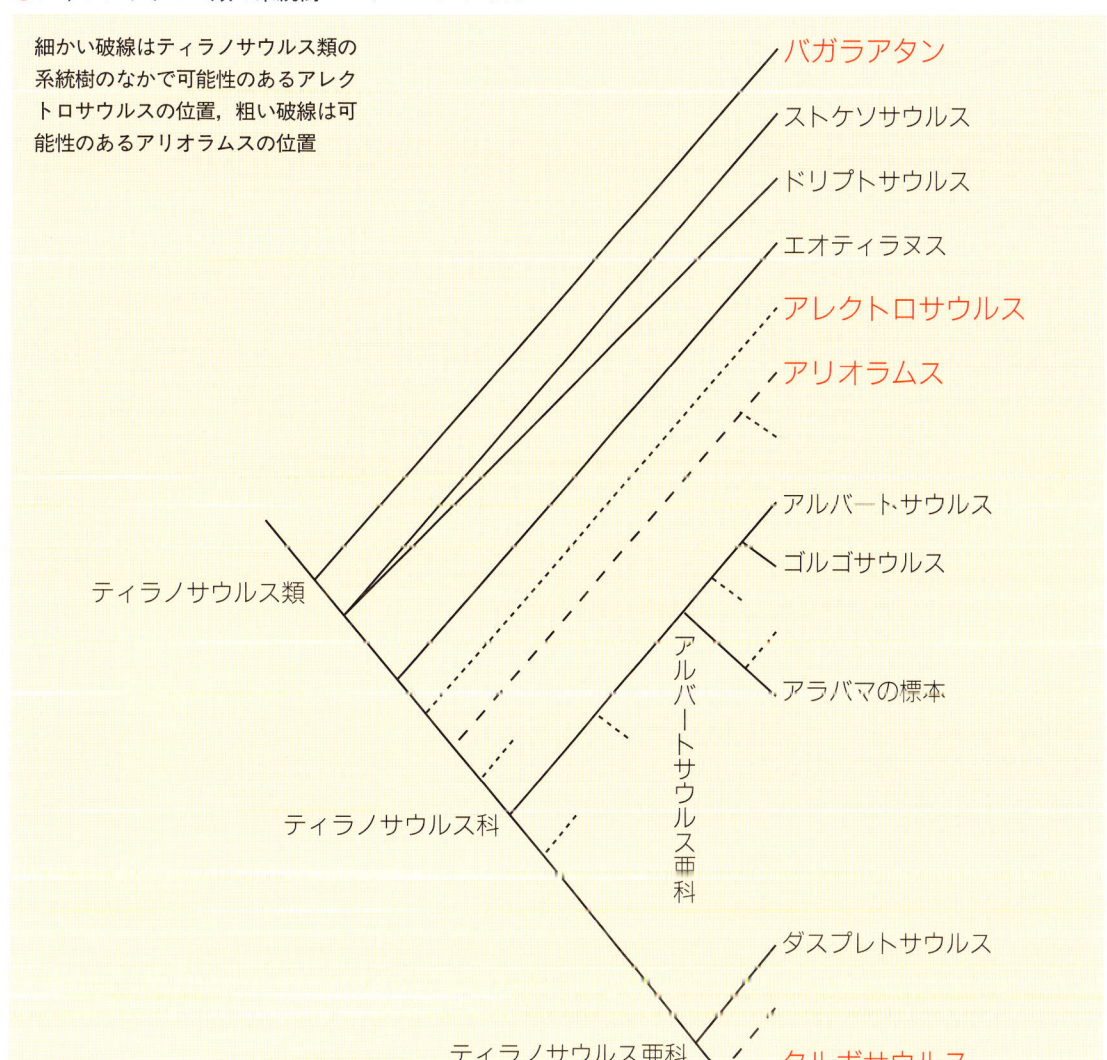

●ティラノサウルス類の系統樹 (Holtz, 2004を参考に作成)

細かい破線はティラノサウルス類の系統樹のなかで可能性のあるアレクトロサウルスの位置，粗い破線は可能性のあるアリオラムスの位置

（赤字はモンゴル産の恐竜）

Holtz, T. R. Jr. 2004. Tyrannosauroidea; pp. 111-136 in D. B. Weishampel, P. Dodson, and H. Osmólska (eds.), The Dinosauria. 2nd ed. University of California Press, Berkeley.

タルボサウルスの全身骨格

タルボサウルス（小田　隆/画）

含まれるという意見もある。

　ティラノサウルス類は白亜紀後期になると北米とアジアで繁栄したことが知られているが，それ以前の原始的なティラノサウルス類もいくつか報告されている。ジュラ紀後期のものが中国（グアンロング），アメリカ（ストケソサウルス），ポルトガル（アビアティラニス）から，白亜紀前期のものがイギリス（エオティラヌス）と中国（ディロング）から，それぞれ発見されている。日本もまた例外ではない。福井県大野市の白亜紀前期の地層から，長さが2センチにも満たない小さな1本の歯が発見された。その歯冠の断面は"D"のかたちをしていた。同様に，断面が"D"のかたちをしている歯は，石川県白山市（白亜紀前期）や熊本県御船町（白亜紀後期初期）からも発見された。石川県と熊本県からの歯化石には鋸歯がないため，発見当初ティラノサウルス類のなかでもアレクトロサウルスの仲間と考えられた。最近の研究では，ティラノサウルス類の幼体の歯には鋸歯がなく，成長にともなって鋸歯があらわれてくると考えられている。もしこれが正しければ，石川県と熊本県の歯化石は成体のものではなく幼体のものである可能性がある。一方，福井県の歯には鋸歯が残っており，成体のものであった可能性がある。その場合，数センチの小さい歯をもったひじょうに小型のティラノサウルス類ということになる。ティラノサウルス類というと体が巨大であると紹介したが，じつは現在の研究によると，ティラノサウルス類はもともとひじょうに体の小さい恐竜であったと考えられている。先にあげた原始的なティラノサウルス類も全長2メートル程度と小さいものであった。進化とともにティラノサウルス類は巨大化をはじめ，白亜紀後期には10メートルをこす巨大恐竜となっていったのである。

　巨大化をなしえたタルボサウルスは，白亜紀後期のモンゴルにおいて食物連鎖のなかでトップに立っていたことだろう。その強靭な顎のか

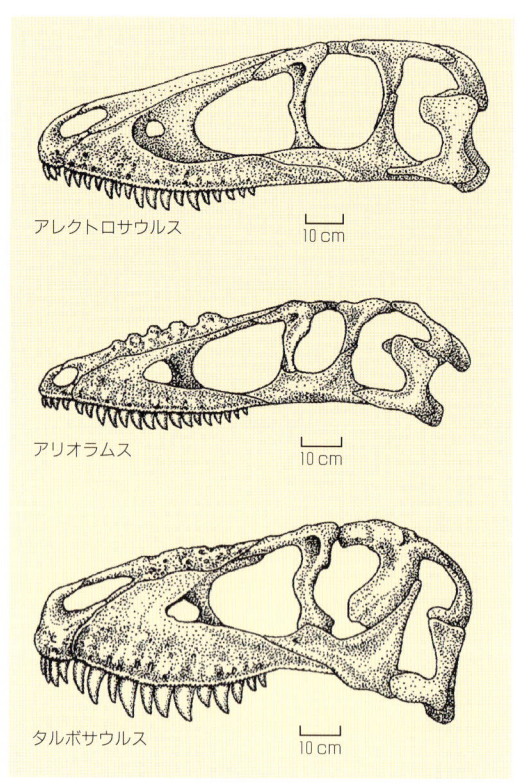

モンゴル産ティラノサウルス類の頭骨
(Currie, 2000 より)

む力は肉食恐竜のなかでももっとも強い部類にはいり，襲いかかった獲物の骨までくだくほどの力があったと考えられる。しかし，これだけ巨大な体だと速く走ることが困難だったと思われている。ティラノサウルスの走る速度が時速20キロ程度と考える研究結果があるが，タルボサウルスもその程度でしか走れなかったかもしれない。そのため，大型化したティラサウルス類は，獲物を追いかけて襲ったのではなく，死体を食べていたという考えが浮上してきた。一方で，成体になりきっていないティラノサウルス類は速く走ることができ，さらにティラノサウルス類は単独ではなく集団で狩りを行ったという考えもある。早く走ることができる亜成体が獲物を追いかけ，強靭な顎をもった成体が獲物にとどめを刺すという集団狩りを行ったのでないかというものだ。タルボサウルスがどちらであったかはわからないが，今後の発見によって，タルボサウルスの狩りの方法があきらかになるかもしれない。

Currie, P. J. 2000. Theropods from the Cretaceous of Mongolia; pp. 434–455 in M. J. Benton, M. A. Shishkin, D. M. Unwin, and E. N. Kurochkin (eds.), The Age of Dinosaurs in Russia and Mongolia. Cambridge University Press, Cambridge.

最速の足をもつ恐竜
オルニトミモサウルス類

　オルニトミモサウルス類は，白亜紀前期の約1億2500万年前の地層から発見されているペレカニミムス（スペイン）とシェンゾウサウルス（中国）がもっとも古く原始的なものとされている。モンゴルのハルピミムスは，白亜紀前期でこれより少し新しい地層からみつかっているが，ペレカニミムスとシェンゾウサウルスと同じ程度原始的なものである。その後，この恐竜は，中国（シノオルニトミムス，アーケオルニトミムス）とモンゴル（ガルディミムス，ガリミムス，アンセリミムス）を中心に生息するが，白亜紀後期の終わりになると北米にも移りわたっていく（オルニトミムス，ストゥルティオミムス，ドロミセイオミムス）。そして白亜紀末にはほかの恐竜たちとともに絶滅する。オルニトミモサウルス類は，ペレカニミムスやシェンゾウサウルスのように原始的な段階ですでに「速く走る体」を獲得している。ダチョウのように長く細い足と軽くできている体がその証拠である。どのくらいの速度で走ったかというのは推測の域を脱しないが，ある研究によれば，時速60キロの速さで走れたと考えられ，恐竜のなかで最速であったとされている。また，モンゴルからデイノケイルスという巨大な前肢の化石が発見され，オルニトミモサウルス類である可能性が考えられている。

　オルニトミモサウルス類の進化は，走行性の進化であるともいえる。その証拠を残しているのがモンゴルのオルニトミモサウルス類だ。すでに紹介したように，ほかの国からも原始的なオルニトミモサウルス類は発見されているが，そのほとんどは重要な骨を欠いている。原始的なもの（ハルピミムス），中間型のもの（ガルディミムス），進化型のもの（ガリミムスやアンセリミムス）のほぼ完全な骨格化石がモンゴルから発見されていることから，オルニトミモサウルス類の進化過程をさぐるうえでモンゴルは重要な国であることがわかる。ハルピミムス，ガルディミムス，ガリミムス，これらはすべて同じような体をしているようだが，くわしくみていくとそれらのちがいがみえてくる。走行性への適応は，中足骨と尾の構造にそのちがいがあらわれている。はじめに中足骨の構造をみてみよう。基本的にオルニトミモサウルス類は3本の長い中足骨をもっている。そのまんなかの骨を第3中足骨とよぶ。原始的なオルニトミモサウルス類（ハルピミムスとガルディミムス）の第3中足骨は前からみると上から下までみえるが，進化型のもの（ガリミムス）の第3中足骨は上の方が両脇の骨（第2・第4中足骨）にかぶさっていてみえない。このような構造はバネのような役割をすると考えられ，速く走るときに足にかかる衝撃をやわらげていたと考えられる。また，進化型のものは中足骨をより長くする傾向があり，これは走る速度の増加を示している。さらに，尾の骨は，進化型のものになるほど1つ1つの尾椎の関節を動きにくくし，尾全体を1本の棒のように変化させた。これは，走るときに安定感をもたせるためであると考えられる。

　また，オルニトミモサウルス類は植物食に適応していた可能性がある。ハルピミムスは手を開くと指が閉じ，手をにぎると指が開く傾向にある。手をにぎるときに指が開くのは猫の手にみられる動きで，獲物に襲いかかったときに相手を傷つけるために有効な構造といえる。つまり，これは肉食性に適した構造であるのだ。一

方，ガリミムスのような進化型のオルニトミモサウルス類は，手を開くと指が開き，手をにぎると指が寄せ集まる。わたしたち人間はこれに近い。このような構造は進化型のオルニトミモサウルス類に特有なもので，何かものをかき集めるのに適していた。たとえば，枝になっている木の実や葉を自分の方へたぐり寄せるために役立ったと考えられる。進化型のオルニトミモサウルス類は肉食性の手の構造をもつハルピミムスとは大きくちがい，雑食または植物食であった可能性がある。中国から発見されたシノオルニトミムスは胃石とともに発見され，その胃石が植物食性の鳥類と類似していたため，植物食性であったと考えられる。このオルニトミモサウルス類の食性は走行性への適応と関係がある可能性がある。オルニトミモサウルス類は，骨の構造からみてもタルボサウルスのように獰猛な動物ではなかったのは明らかだ。もしかしたら，オルニトミモサウルス類は被捕食者であり，敵から逃げるためにその足を速くしていったのかもしれない。

● オルニトミモサウルス類の系統樹 (Kobayashi and Lü, 2003 を参考に作成)

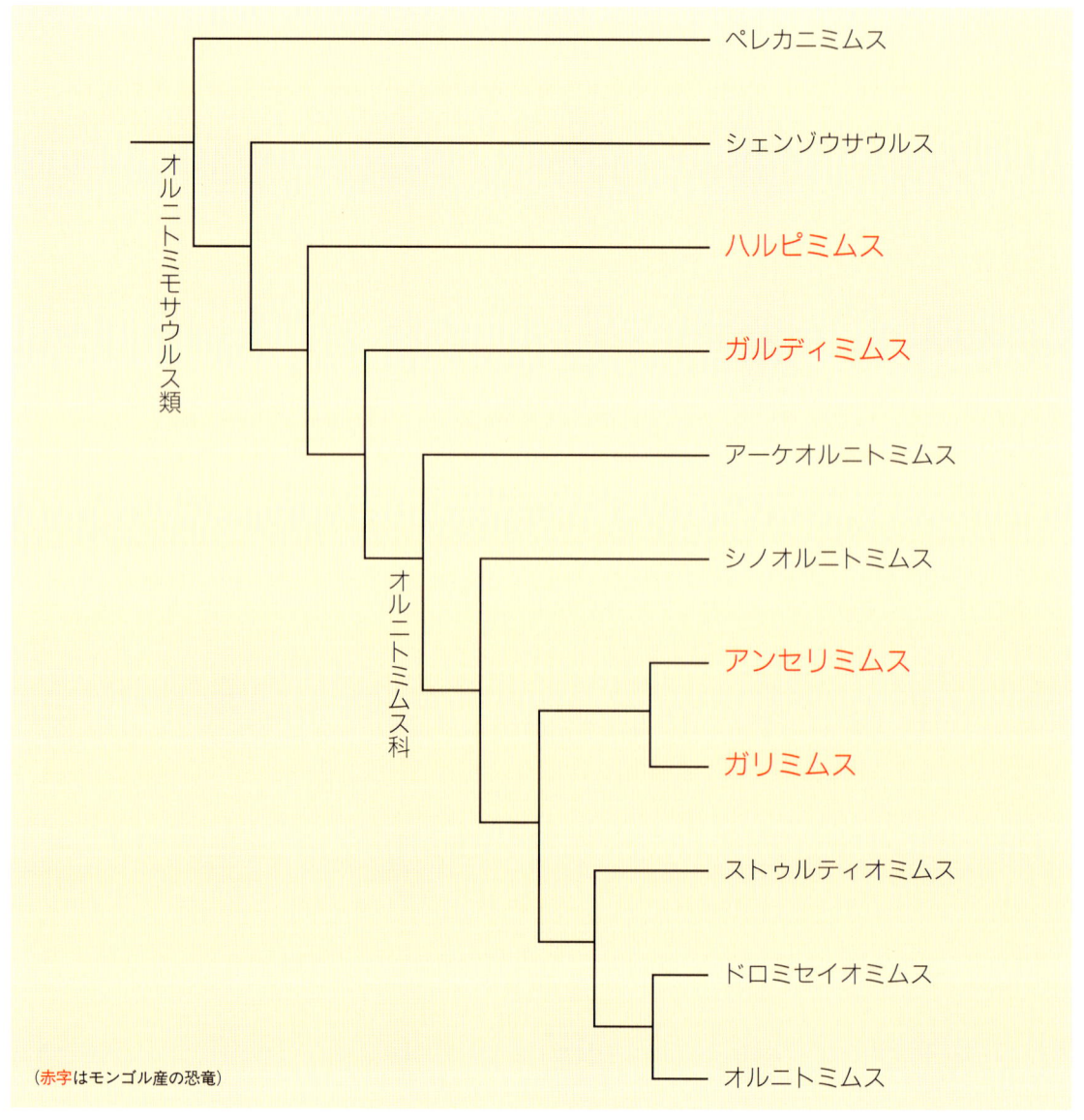

(赤字はモンゴル産の恐竜)

Kobayashi, Y. and J. Lü. 2003. A new ornithomimid dinosaur with gregarious habits from the Late Cretaceous of China. Acta Palaeontol. Pol., 48: 235–259.

ハルピミムス・オクラドニコビ *Harpymimus okladnikovi*

分類：竜盤類 獣脚類 コエルロサウルス類 オルニトミモサウルス類
時代：白亜紀前期
産地：モンゴル南東　フルン・ドッホ

　ハルピミムスは、モンゴルから発見されたオルニトミモサウルス類のなかでもっとも原始的なものである。オルニトミモサウルス類のほとんどは、歯を失いクチバシをもっている。しかし、ハルピミムスの下顎には10本程度の小さい歯が残っていることから、ハルピミムスが原始的であることがうかがえる。そのほかにも、手や足、尾に原始的な構造がみられる。この標本は首が背中の方へ丸まった状態で発見された。これは死後硬直のためであると考えられる。その黒っぽい骨は植物が多く含まれた地層から発見されたためであり、そのほとんどはつぶれている。ハルピミムスの発見された産地からは、イグアノドン類や原始的な角竜類などの植物食恐竜が発見されている。

ハルピミムスの全身骨格

ガルディミムス・ブレビペス *Garudimimus brevipes*

分類：竜盤類 獣脚類 コエルロサウルス類 オルニトミモサウルス類
時代：白亜紀後期
産地：モンゴル南東　バイシン・ツァフ

　ガルディミムスは一見したところ，ガリミムスやほかの進化型のオルニトミモサウルス類と区別がつかないほど進化した恐竜だ。しかし，足(中足骨)は原始的な構造を残し，ガルディミムスはハルピミムスとガリミムスの中間型のオルニトミモサウルス類といえる。これまで，オルニトミモサウルス類は後肢の第1趾をもたない恐竜と考えられてきたが，ガルディミムスの後肢には第1趾が保存されていた。このことから，原始的なオルニトミモサウルス類は第1趾をもっていたことがわかる。おそらく，ハルピミムスを含む原始的なオルニトミモサウルス類はすべて第1趾をもっており，進化するにしたがい失っていったのだろう。

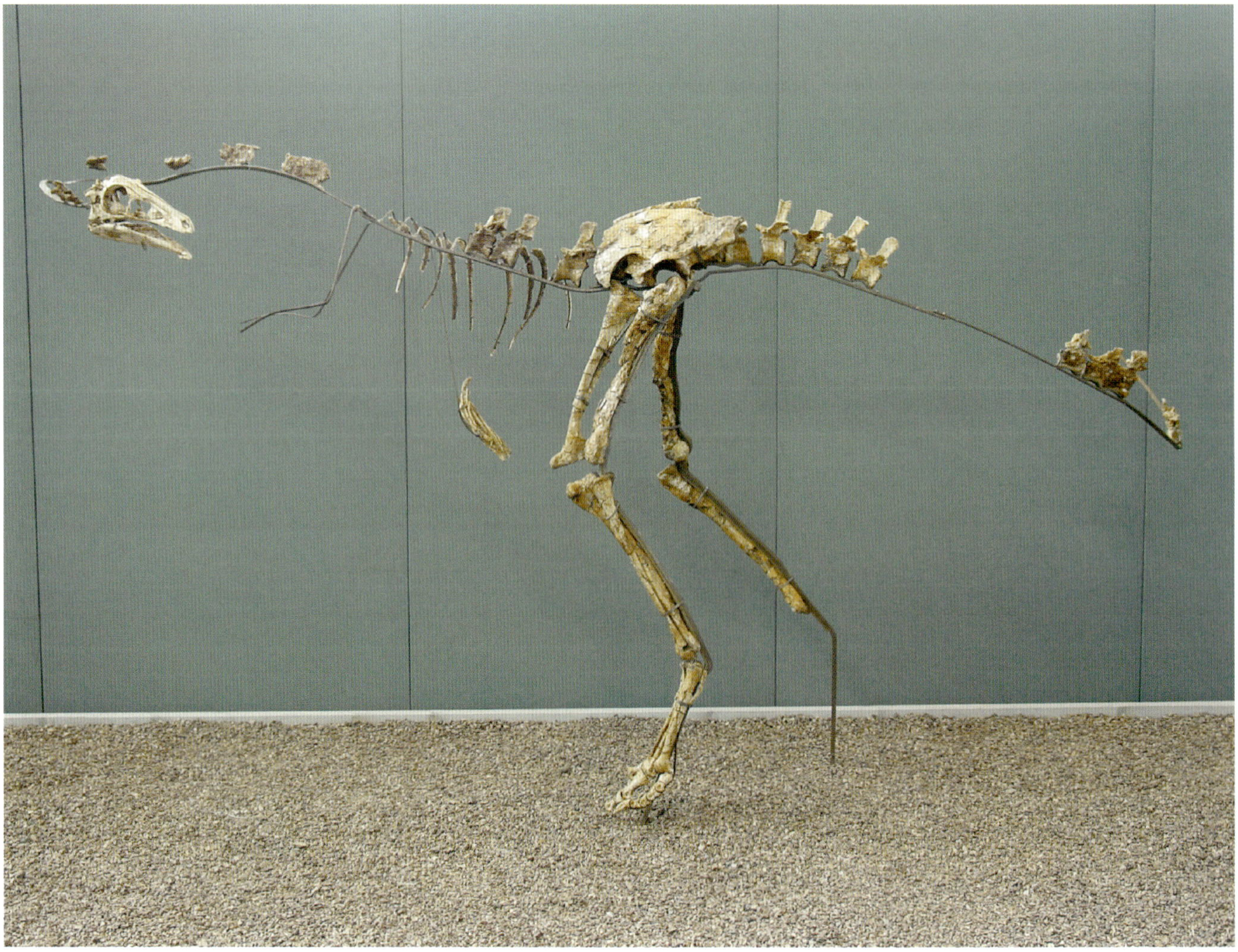

ガルディミムスの全身骨格

"ガリミムス・モンゴリエンシス" *"Gallimimus mongoliensis"*

分類：竜盤類　獣脚類　コエルロサウルス類　オルニトミモサウルス類　オルニトミムス科
時代：白亜紀後期
産地：モンゴル南西　バイシン・ツァフ

　ガリミムスは、モンゴルの白亜紀後期の地層からもっともよくみつかるオルニトミモサウルス類として知られている。この"ガリミムス・モンゴリエンシス"は未記載の標本で、ガリミムスの新種として考えられている。しかし、ネメグト盆地からみつかっているガリミムス・ブラタスにくらべ、手が長く末節骨(ツメのかぶる骨)のかたちもちがう。ガリミムス・ブラタスは手が短いのが特徴で、手の長さと上腕骨の長さの割合が6割ほどであるが、この標本は9割ほどとあきらかに手が長い。また、ガリミムス・ブラタスの末節骨はオルニトミモサウルス類のなかでもカーブが強いが、この標本はカーブが弱い。そのほかにも、ガリミムス・ブラタスとのちがいが多く、新属のオルニトミモサウルス類である可能性が高い。

"ガリミムス・モンゴリエンシス"の全身骨格

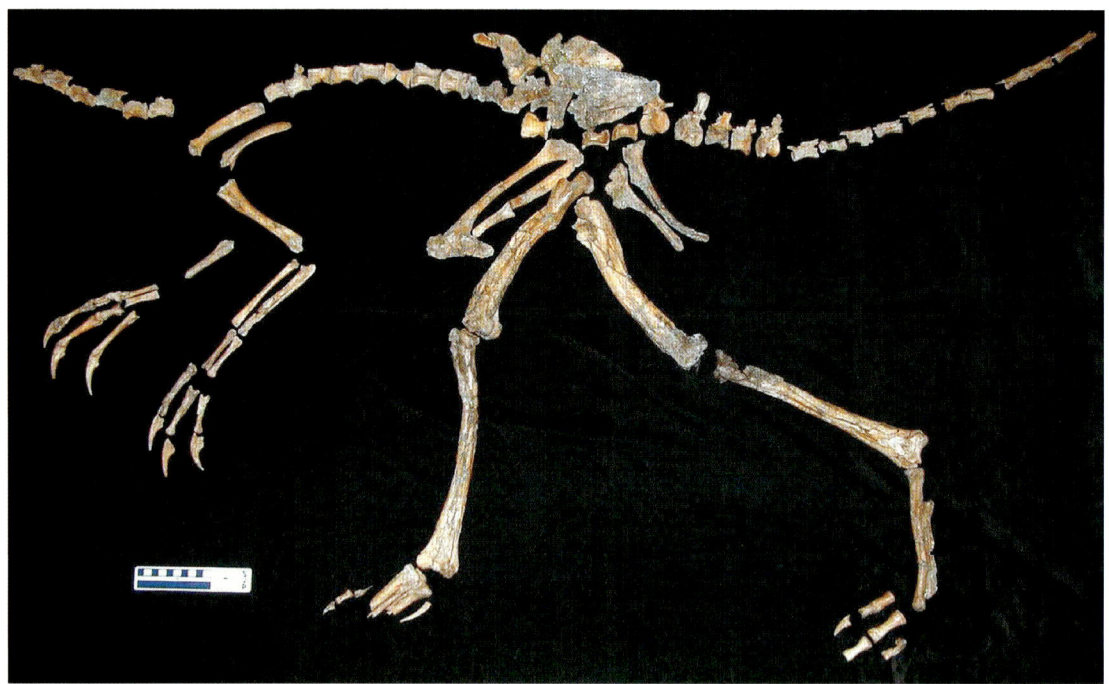

フルン・ドッホ産のオルニトミモサウルス類の骨格
原始的なオルニトミモサウルス類のハルピミムスと同じ地層から産出された。頭骨は残っていないが，体の骨の保存はよく原始的な特徴をもっている。後肢の第1趾が残されており，ハルピミムスにもこの指が存在していた可能性を示す。

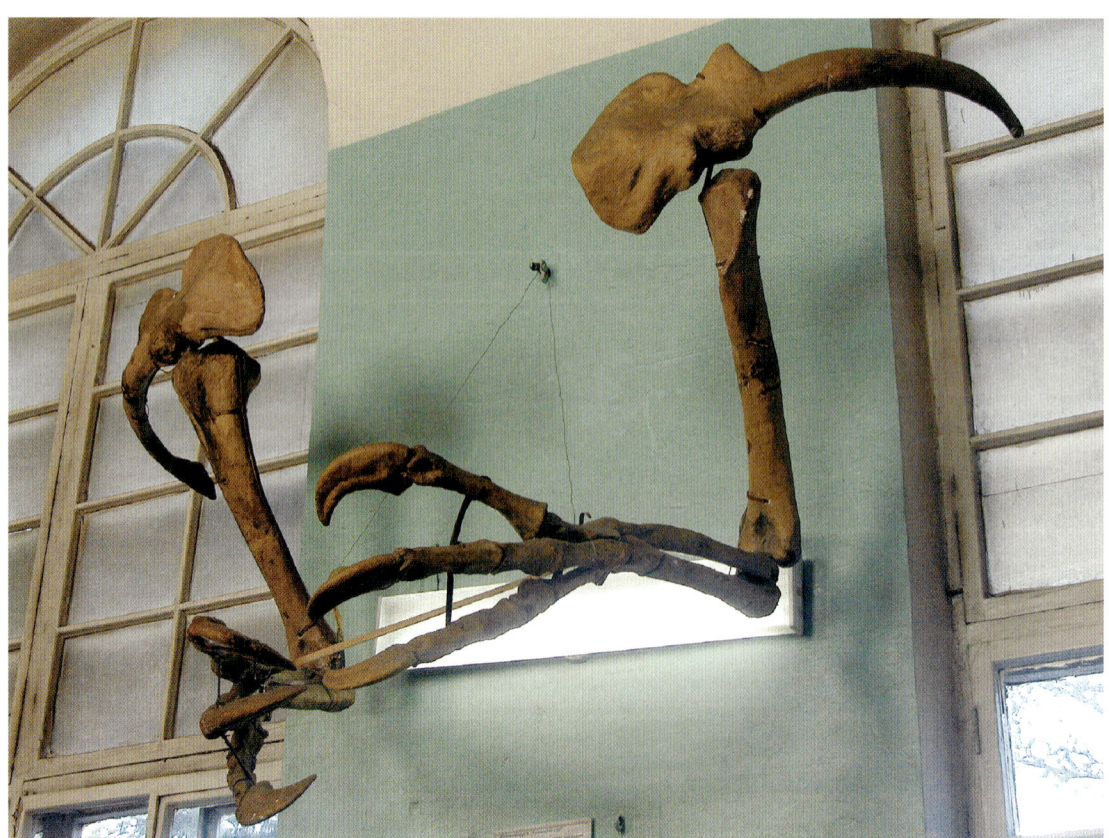

デイノケイルス・ミリフィクス *Deinocheirus mirificus*
白亜紀後期のネメグト層から発見された恐竜。腕と肩の骨はほとんど残されているが，そのほかの骨は断片的なものでこの恐竜の全貌はあきらかにされていない。腕の長さだけで2.5メートルほどあり，巨大な腕をもつ。オルニトミモサウルス類との類似性が議論されているが，結論はまだあきらかになっていない。

鳥類のように子育てをした恐竜
オビラプトロサウルス類

　オビラプトロサウルス類は，鳥類の起源を考えるうえで注目されている恐竜の1つである。ある研究結果によれば，オビラプトロサウルス類は始祖鳥よりも進化したもので，2次的に飛べなくなった鳥類であるという考えが提唱されている。しかし，現在のところオビラプトロサウルス類は，始祖鳥よりも原始的で鳥類ではない恐竜として分類されている。この恐竜が鳥類か否かの議論はまだ続く可能性はあるにしろ，オビラプトロサウルス類に鳥類のような特徴がみられているのは事実である。モンゴルの白亜紀後期の地層からシチパチの化石が発見された。その化石は巣の上で後肢を折り曲げ，卵を抱えた状態のまま保存されており，その様子が鳥類の抱卵の様子と似ているため話題となった。オビラプトロサウルス類とはその仲間のなかで最初に発見されたオビラプトルに由来している。本来，オビラプトルという名前は"卵泥棒"と

●オビラプトロサウルス類の系統樹 (Osmólska et al., 2004 を参考に作成)

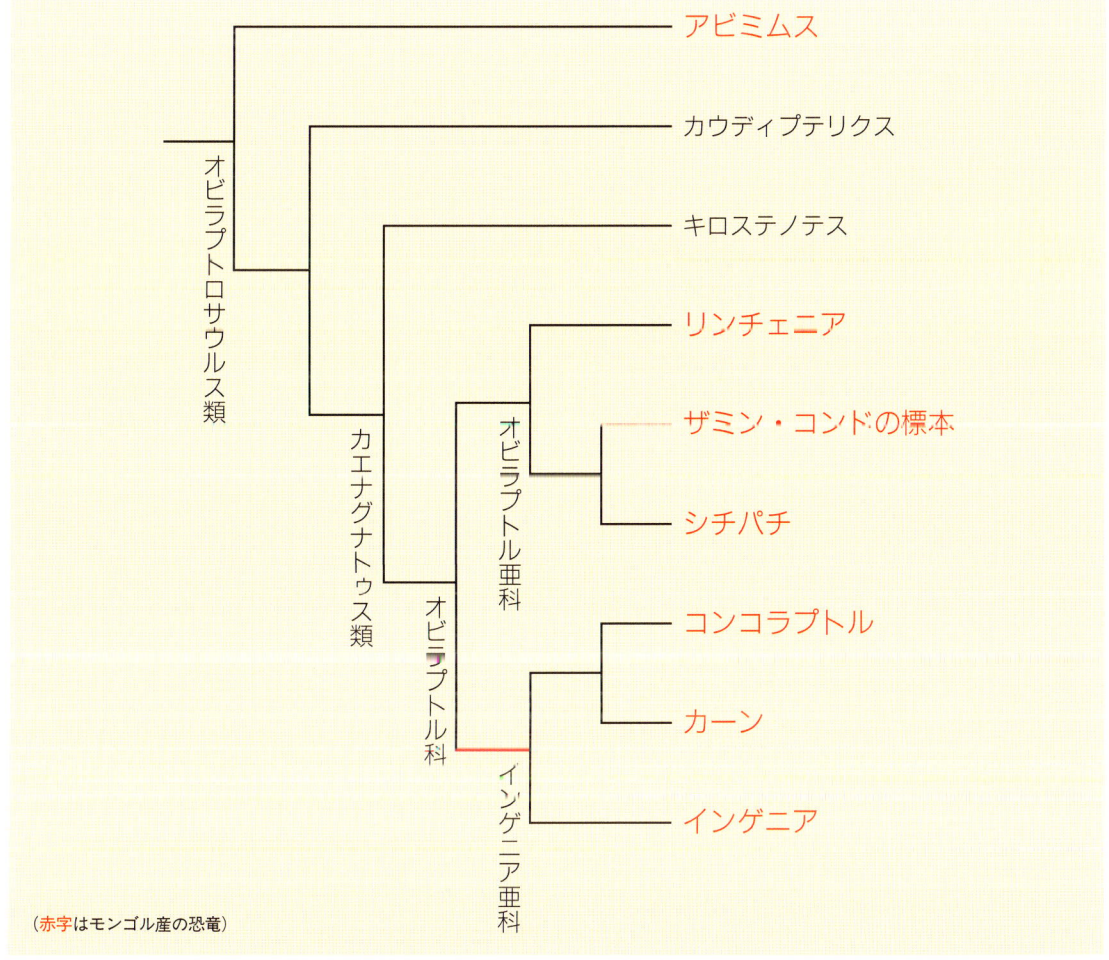

（赤字はモンゴル産の恐竜）

Osmólska, H., P. J. Currie, and R. Barsbold. 2004. Oviraptorosauria; pp. 165-183 in D. B. Weishampel, P. Dodson, and H. Osmólska (eds.), The Dinosauria. 2nd ed. University of California Press, Berkeley.

26……獣脚類

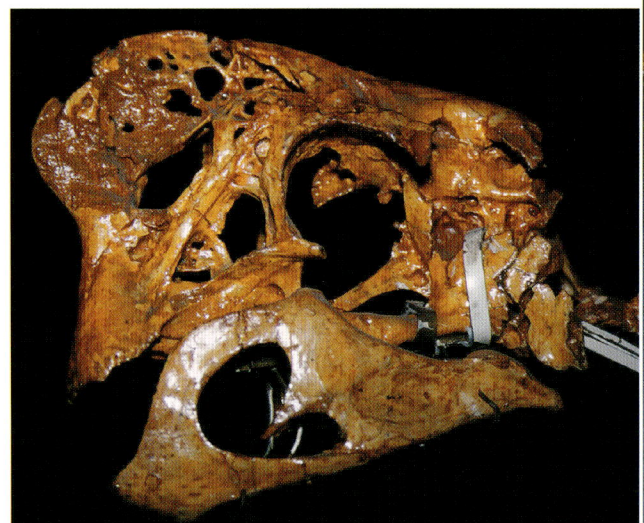
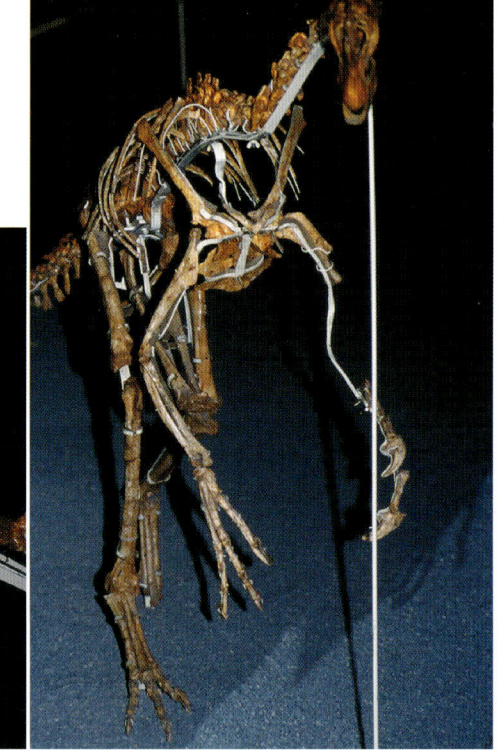

オビラプトロサウルス類(ザミン・コンドの標本)の頭骨と全身骨格

いう意味で，発見当初この恐竜が卵といっしょに発見されたため，卵を盗みにきて死んだものだと考えられてきた。しかし，シチパチの発見により，この恐竜は卵を盗みにきたのではなく，卵を温めて子育てをしていた恐竜であったことがわかった。また，中国の白亜紀前期の地層から発見されたカウディプテリクスの両腕と尾には羽毛が保存されていたため，オビラプトロサウルス類の体は羽毛で覆われていた可能性がある。カウディプテリクスの羽毛をよく観察してみると，それは飛ぶための非対称な風切羽とはちがい，対称なかたちをしていることがわかった。つまり，これらの羽は飛ぶためではなく，敵味方を識別したり交配相手をみつけたりするためのコミュニケーションの道具として使われていたと考えられている。シチパチの両腕はみずからの巣の縁をとりかこむように添えられているが，両腕と体の隙間は長い羽によって覆われていたとも考えられる。このように，両腕の羽はコミュニケーションだけでなく，卵を温めるために使われていた可能性もあるのだ。多くのオビラプトロサウルス類はオルニトミモサウルス類と同様に，上下の顎に歯がなく，そのかわりにクチバシがあったと考えられる。しかし，中国から発見されている原始的なオビラプトロサウルス類のインシキボサウルスやカウディプテリクスには歯があることから，進化型のものは派生的に歯を失い，鳥類のようにクチバシをもったと考えられる。

オビラプトロサウルス類は一部を除き，体長が2メートルほどの小型のものが多い。中国とモンゴルから原始的なオビラプトロサウルス類が発見されている(中国からインシキボサウルスとカウディプテリクス，モンゴルからアビミムス)。進化型のオビラプトロサウルス類(カエナグナトゥス類)は，カエナグナトゥス科とオビラプトル科で構成される。カエナグナトゥス科は北米(キロステノテス)とアジア(カエナグナサシア，ノミンギア)に分布し，オビラプトル科はアジアを中心に生息していた。オビラプトル科はさらにオビラプトル亜科とインゲニア亜科の2つに分かれる。この科に属する恐竜はモンゴルから一番多くの種類が発見され，現在までに3種類のオビラプトル亜科(オビラプトル，リンチェニア，シチパチ)と3種類のインゲニア亜科(インゲニア，コンコラプトル，カーン)が知られている。これらのことからわかるように，オビラプトロサウルス類はアジアを中心にして発生し進化していったのだ。

シチパチ・オズモルスカエ *Citipati osmolskae*

分類：竜盤類 獣脚類 オビラプトロサウルス類 オビラプトル科 オビラプトル亜科
時代：白亜紀後期
産地：モンゴル南西 ウハア・トルゴッド

　シチパチは，アメリカ自然史博物館とモンゴルの共同発掘調査によって発見されたもので，2001年に命名された。この恐竜はインゲニア亜科であるカーン（チンギス・ハーンの名に由来する）とともに記載された。抱卵の状態で発見された化石や卵のなかに保存された胚の骨格は，それらの論文発表当時，名前をつけずに"オビラプトル科の恐竜"として紹介された。後の研究によって，これらの化石はシチパチであると考えられている。頭部にあるトサカは中空化していて，武器として使われていたとは考えにくい。そのため，現生のヒクイドリのように異性をひきつけたり，仲間を見分けたりするために使われていたのかもしれない。

シチパチが抱卵している状態でみつかった骨格化石。体の下に卵がしきつめられ，両腕で卵を抱えている様子がわかる

（マーク・ノレル博士提供）

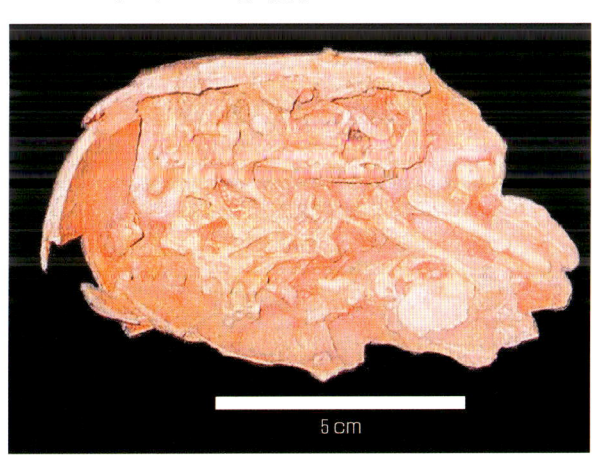

卵のなかに残されていたシチパチの胚の骨格

リンチェニア・モンゴリエンシス *Rinchenia mongoliensis*

分類：竜盤類 獣脚類 オビラプトロサウルス類 オビラプトル科 オビラプトル亜科
時代：白亜紀後期
産地：モンゴル南西　アルタン・ウラ

　リンチェニアは頭の上にとても高いトサカをもったオビラプトル亜科の恐竜であるが，正式な記載論文はまだ発表されていない。以前はオビラプトル・モンゴリエンシスともよばれていた。オビラプトロサウルス類の赤ちゃんにはトサカがないため，この大きなトサカは大人になるにしたがって発達したと考えられる。リンチェニアのトサカの中央には大きな穴があるが，これがどんな働きをしていたのかあきらかになっていない。

リンチェニアの全身骨格

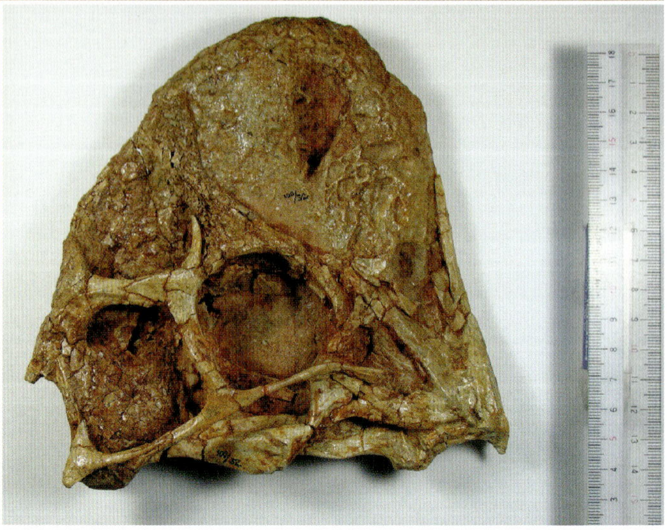

リンチェニアの頭骨

インゲニア・ヤンシニ　*Ingenia yanshini*

分類：竜盤類　獣脚類　オビラプトロサウルス類　オビラプトル科　インゲニア亜科
時代：白亜紀後期
産地：モンゴル南西　ブギン・ツァフ

　インゲニアはがっちりとした体をしたインゲニア亜科の恐竜である。インゲニアの前肢の第1指はほかの指とくらべて，太く頑丈でその末節骨（ツメ）も大きい。この特徴はインゲニアの食性と関係があったのかもしれない。鳥類のような叉骨（癒合した鎖骨）は恐竜のなかではじめてオビラプトロサウルス類（オビラプトル）に発見された。しかし，発見当初は間違った解釈をしたため，「叉骨をもたない恐竜は鳥類の起源ではない」という主張の反論材料にはならなかった。今では多くの獣脚類が叉骨をもっていたことが知られている。

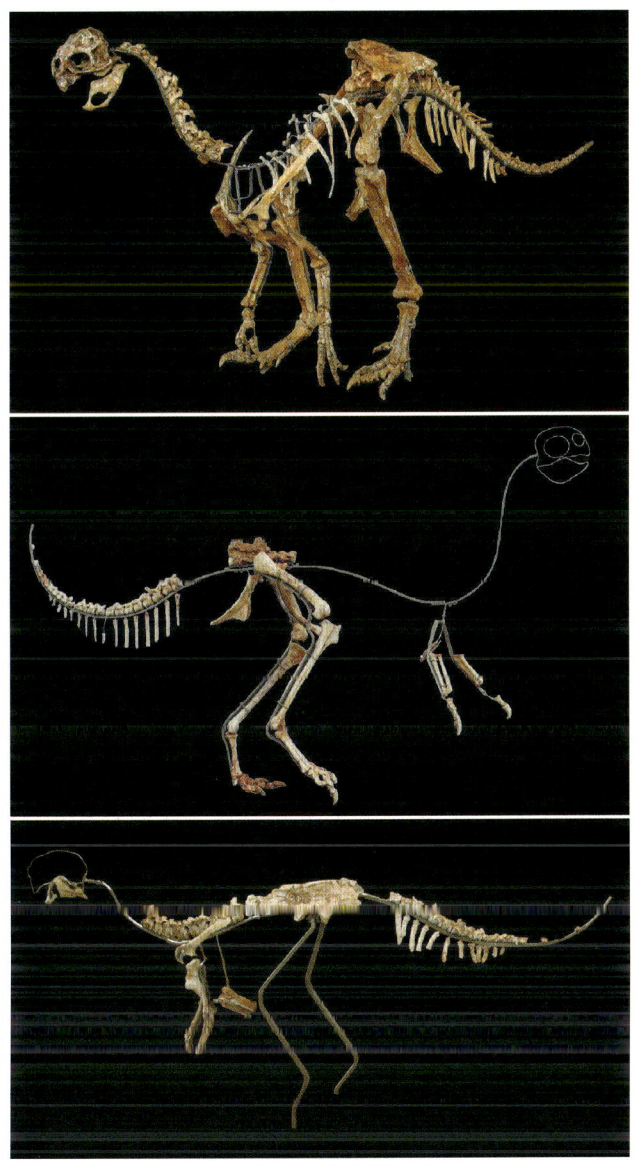

インゲニアの全身骨格3体

コンコラプトル・グラシリス *Conchoraptor gracilis*

分類：竜盤類　獣脚類　オビラプトロサウルス類　オビラプトル科　インゲニア亜科
時代：白亜紀後期
産地：モンゴル南西　ヘルミン・ツァフ

　コンコラプトルはインゲニアに似た特徴をもったインゲニア亜科の恐竜であるが、インゲニアとくらべて華奢な体をしている。この特徴は種名の"*C. gracilis*"に反映されている。コンコラプトルはシチパチやリンチェニアのようなトサカがなく、それらよりも小型である。その上顎にはじょうぶな突起があり、それを下顎で受けることで、かなりかたいものをくだいて食べていたと考えられている。コンコラプトル（貝泥棒）とはこのような顎の構造から貝食であったと考えられて命名されたものである。

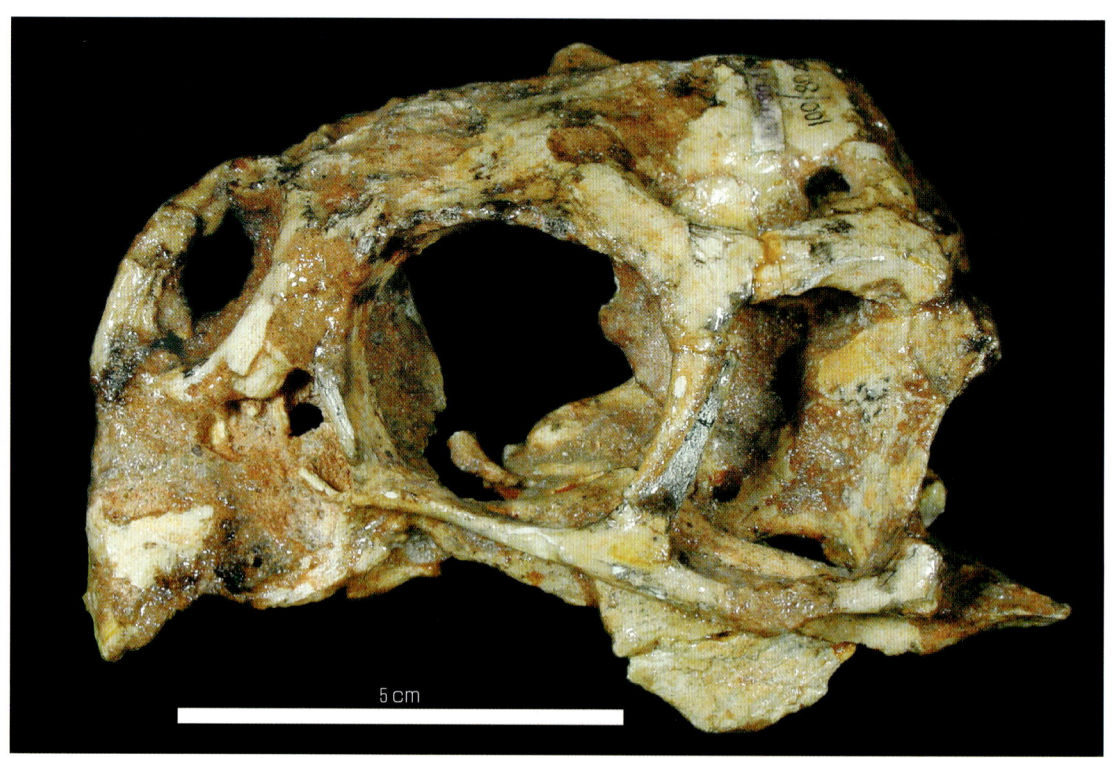

コンコラプトルの頭骨

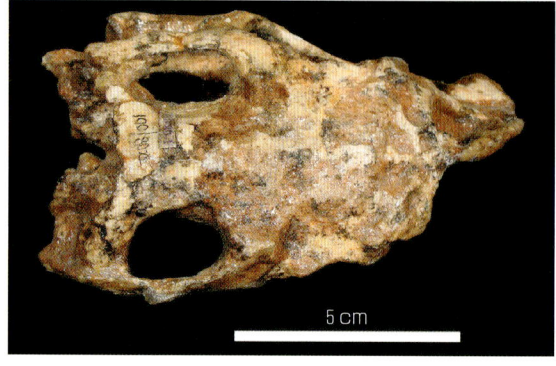

頭骨を上からみたところ

小型ながら獰猛な恐竜
ドロマエオサウルス科

ドロマエオサウルス科の恐竜は，するどいツメと歯をもつことで知られ，北米のデイノニクスやドロマエオサウルス，アジアのベロキラプトルが有名だ。その分布はおもに白亜紀の北米とアジアであったが，南米やヨーロッパからも発見されている。アジアのベロキラプトルは，アメリカ自然史博物館が1920年代に行った調査によって発見され，1922年に命名されたドロマエオサウルスについて，1924年に発表された。その大きさは2メートル程度で，獣脚類のなかでは小型から中型の大きさといえる。

1990年代末から現在まで，中国の遼寧省からシノオルニトサウルスやミクロラプトルなど羽毛が保存されたドロマエオサウルス科の恐竜が発見されている。これらの発見は，ドロマエオサウルス科の進化過程の解釈と鳥類の進化を解明するための重要な発見となった。

中国・遼寧省の発見までは，ドロマエオサウルス科の恐竜は一部を除き，ベロキラプトルやデイノニクスのような大きさのものだと思われていた。しかし，ミクロラプトルの発見により，ドロマエオサウルス科の恐竜はもともと小型の

● ドロマエオサウルス科の系統樹 (Makovicky et al., 2005 を参考に作成)

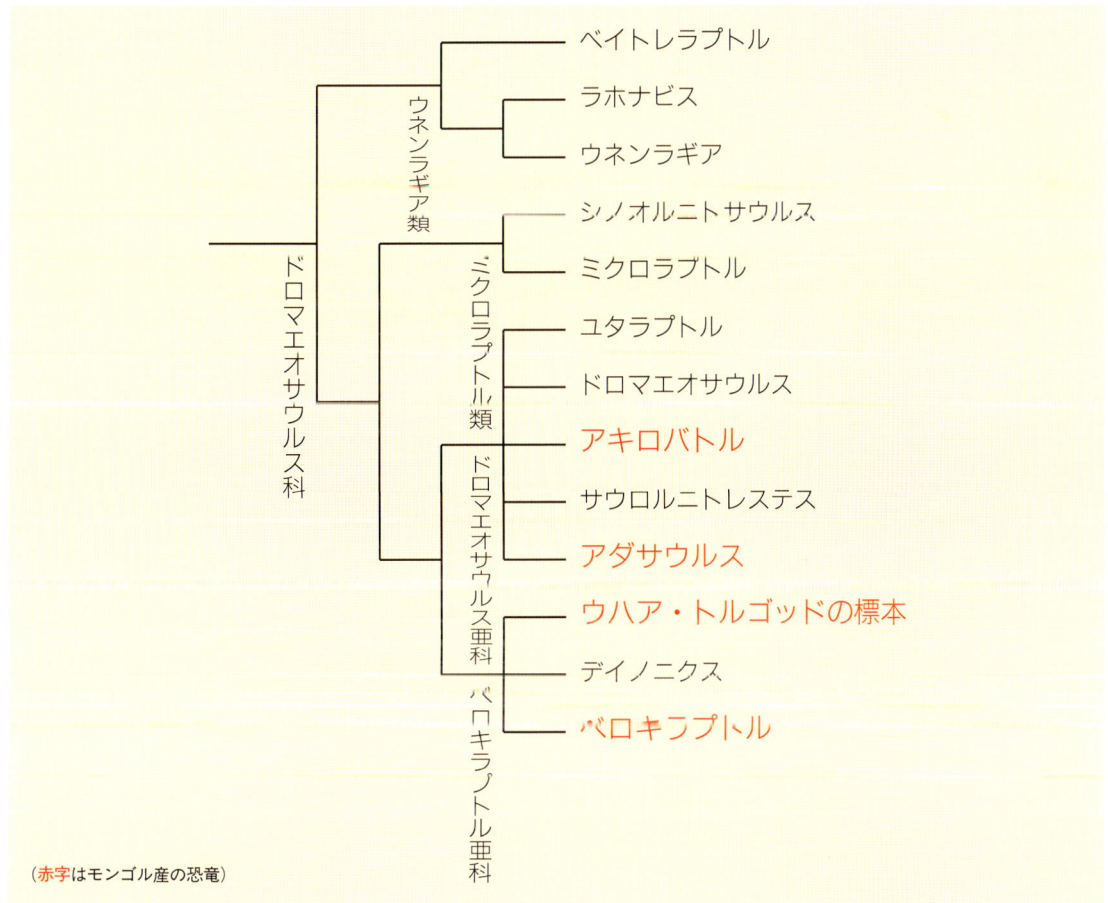

（赤字はモンゴル産の恐竜）

Makovicky, P., S. Apesteguía, and F. L. Agnolín. 2005. The earliest dromaeosaurid theropod from South America. Nature, 437: 1007–1011.

恐竜で，2次的に大きくなったものであると考えられた。この傾向は，ほかのコエルロサウルス類の恐竜にもみられるもので，ティラノサウルス類，オルニトミモサウルス類，テリジノサウルス類，オビラプトロサウルス類などにも同様のことがいえる。コエルロサウルス類は小型獣脚類ともいわれ，アロサウルスのような大型の恐竜が小型化し，最終的には鳥類となって空を羽ばたけるようになったという大きなシナリオのなかで生まれてきた分類群だ。鳥類へと進化していったコエルロサウルス類の恐竜は，小さい体を維持していった可能性があるが，そこから脇道にそれたドロマエオサウルス科やティラノサウルス類の系列は，2次的に体を大きくしていった。

　鳥類が恐竜から進化したという考えは，19世紀末にドイツから発見された始祖鳥によって生まれてきた。そして，1970年代のデイノニクスの研究により，ドロマエオサウルス科と鳥類の類似点が議論され，鳥類が恐竜から進化したという考えが再浮上してきた。この研究により，鳥類の起源は恐竜にあるという考えが定着していく一方で，それに対する反論も多かった。しかし，1990年代のなかばから現在までに中国から発見されたドロマエオサウルス科（シノオルニトサウルスやミクロラプトル）をはじめとした羽毛恐竜の発見により鳥類と恐竜の進化過程のギャップがうめられ，現在では鳥類が恐竜から進化したという説はひじょうに有力なものとなった。こうして，鳥類の起源を解明するためには，ドロマエオサウルス科の恐竜の研究は欠かせないものとなった。

　これまでモンゴルの白亜紀後期の地層からは比較的多くのベロキラプトルの化石が発見されている。そのなかでも注目されるのが，ベロキラプトルと原始的な角竜類のプロトケラトプスが格闘している状態のまま埋没し化石化したものである。この格闘化石が発見された産地はベロキラプトルのほかに，ひじょうに多くのプロトケラトプスの骨格化石が露出している場所だ。この発見により，その両者が実際に捕食者－被捕食者の関係にあったことが確認できた。まさに，格闘化石は恐竜の生態を保存したものなのである。

中国から発見されたミクロラプトル（徐星教授提供）

アダサウルス・モンゴリエンシス *Adasaurus mongoliensis*

分類：竜盤類 獣脚類 コエルロサウルス類 ドロマエオサウルス科 ドロマエオサウルス亜科
時代：白亜紀後期
産地：モンゴル南東　ブギン・ツァフ

　アダサウルスは上下に深い頭骨をもったドロマエオサウルス科の恐竜で，ベロキラプトルと比較して，ひとまわり大きくがっちりとした体をしている。ドロマエオサウルス科の後肢の第2趾（人差し指）には獲物をつかまえるためと考えられる大きなツメがあるが，アダサウルスのツメはほかとくらべて小さいとされている。また，骨盤は一般的に腸骨・恥骨・坐骨からなるが，アダサウルスの恥骨は後向きになり，坐骨とほぼ平行になっていたと考えられている。このような特徴は鳥類にも認められ，ドロマエオサウルス科の恐竜と鳥類との関係を考えるときに重要なものとなっている。

アダサウルスの全身骨格

アダサウルスの頭骨
（右からみた写真）

ベロキラプトル・モンゴリエンシス *Velociraptor mongoliensis*

分類：竜盤類 獣脚類 コエルロサウルス類 ドロマエオサウルス科 ベロキラプトル亜科
時代：白亜紀後期
産地：モンゴル南部 ツグリキン・シレ

　ベロキラプトルはアダサウルスにくらべ，細長く上下に浅い頭骨をもったドロマエオサウルス科の恐竜である。前を向いた目はものを立体的にみることができ，鋸歯のある歯は後向きに強く曲がっているため，一度獲物にかみつくとかんたんにははずれなかった。また，後肢の第2趾（人差し指）には大きなツメがあり，ふだんは地面につかないようにもちあげていたが，獲物に襲いかかるときにはそれを振り下ろしていたと考えられている。尾は速く走るときのバランスをとるために，関節突起と血道弓が長く伸びたもので固定されていた。このような特徴からベロキラプトルは活発的な捕食者であったことが想像される。

ベロキラプトルの頭骨

ベロキラプトルの全身骨格（リンチェン・バルスボルド博士提供）

格闘恐竜化石

　格闘恐竜は1971年にポーランド・モンゴル共同調査隊により発見された世界的に貴重な化石である。これは肉食恐竜ベロキラプトルと植物食恐竜プロトケラトプスが，はげしい戦いを繰り広げ，たがいにからみあったところに，おそらく砂嵐のようなものに襲われ生きうめになったものであると考えられている。ベロキラプトルの左前肢のツメがプロトケラトプスの頭をとらえ，後肢の大きなツメは腹部に蹴りこまれている様子がわかる。一方，プロトケラトプスは，ベロキラプトルの右前肢をクチバシでしっかりとくわえている。骨がつながった状態でのベロキラプトルの発見はこれがはじめてであり，その大きなツメの使い方もこの標本によりあきらかになった。まさに当時の世界をそのまま目の前に再現できる標本であるといえる。

ベロキラプトルがプロトケラトプスに襲いかかったまま化石となった格闘恐竜

ベロキラプトルがプロトケラトプスの頭に腕をかけ，プロトケラトプスがベロキラプトルの腕にかみついて抵抗している様子がわかる

鳥類の祖先に近いと考えられる恐竜
そのほかの獣脚類

　1990年代にはいってからの数々の恐竜化石の発見によって、鳥類が中生代の獣脚類恐竜から進化したという考えが立証され続けている。その一方で、どの恐竜が鳥類の祖先なのかについての議論は、新しい発見があるごとにかわっていく。先に紹介したドロマエオサウルス科とここで紹介するトロオドン科で構成されるデイノニコサウルス類が鳥類にもっとも近縁なものとして考えられることがある。中国から発見されたトロオドン科の恐竜で、白亜紀前期のメイや白亜紀後期のシノルニトイデスは、体を丸めた状態のまま化石化したものとして知られている。このような様子は鳥類と哺乳類の寝姿と似ていて内温動物であった証拠と考えられている。

　モノニクスを含むアルバレッツサウルス科の恐竜は、1990年代になってモンゴルや中国、アルゼンチンから発見されている。モノニクスが最初に発見されたときは原始的な鳥であると発表され、胸骨や足の骨から始祖鳥よりも進化した鳥類であると考えられた。しかし、その後の研究でアルバレッツサウルス科は鳥類のような特徴をもっているものの、鳥類からはかけはなれていて、鳥類になりきっていない恐竜であったと考えられている。

　モンゴルからはネメグト層から発見されたテリジノサウルスをはじめ、4属のテリジノサウルス類（エニグモサウルス、エルリコサウルス、セグノサウルス）がみつかっている。中国のベイピィアオサウルスがもっとも原始的であると考えられるものの、そのほかの系統関係はよくわかっていない。テリジノサウルス類は、オビラプトロサウルス類に近縁とも考えられている。

●コエルロサウルス類の系統樹における、アルバレッツサウルス科とトロオドン科の位置(Makovicky et al., 2005 を参考に作成)

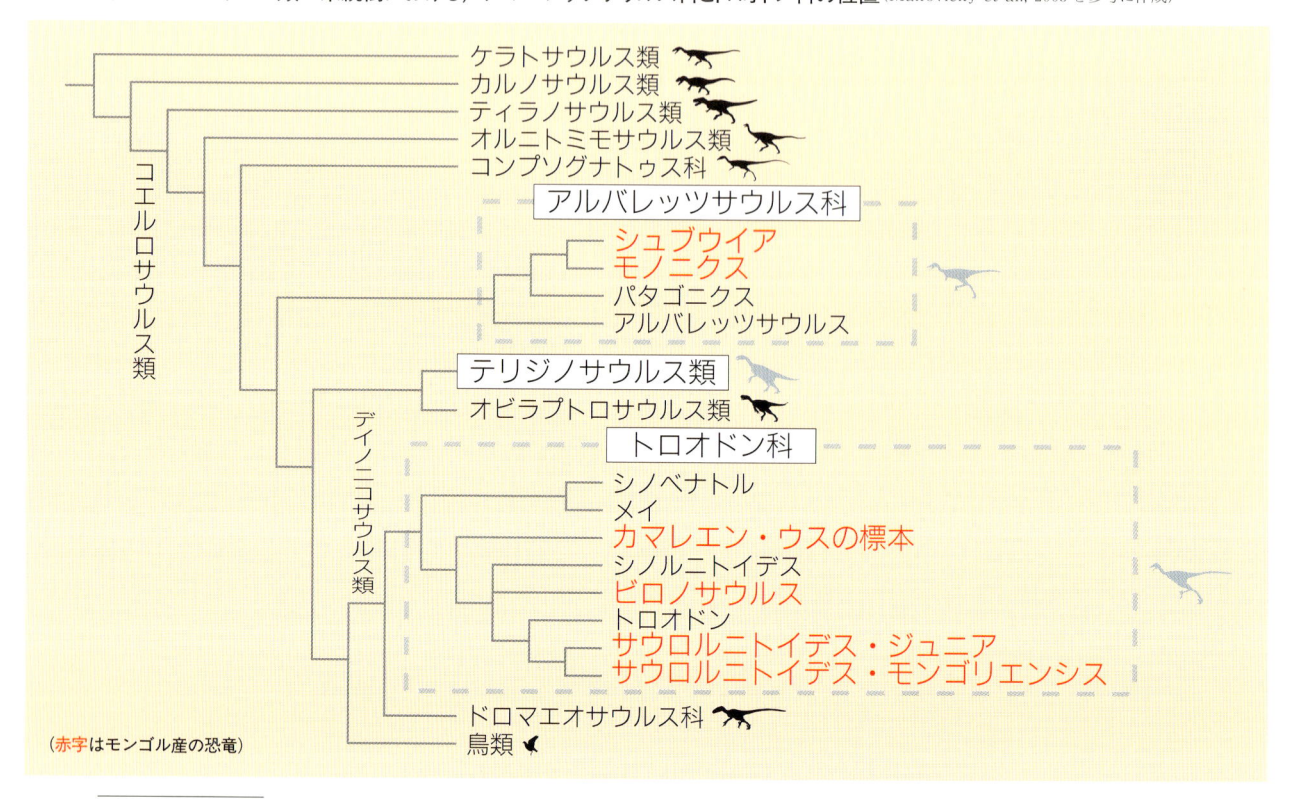

（赤字はモンゴル産の恐竜）

Makovicky, P., S. Apesteguía, and F. L. Agnolín. 2005. The earliest dromaeosaurid theropod from South America. Nature, 437: 1007–1011.

サウロルニトイデス・ジュニア　*Saurornithoides junior*

分類：竜盤類　獣脚類　コエルロサウルス類　トロオドン科
時代：白亜紀後期
産地：モンゴル南西　ブギン・ツァフ

　サウロルニトイデスは大きな脳をもったトロオドン科の恐竜である。サウロルニトイデスは恐竜のなかではじめて中耳骨(音を調整する働きがある)が発見され，それが鳥類のものと似ていることがわかった。その目は立体的にものをみることができるように前向きについており，すぐれた耳や目の働きにともなって脳も発達したと考えられている。サウロルニトイデスの中足骨(後肢の甲)はオルニトミムス科の恐竜のように第3中足骨が第2と第4中足骨に圧縮され，前からはみえないようになっている。サウロルニトイデスの趾骨はみつかっていない。しかし，一般的にトロオドン科の恐竜は第2趾(後肢の人差し指)に大きくするどいカギヅメをもっていた。これらの特徴からサウロルニトイデスは優秀なハンターであったと考えられている。

サウロルニトイデスの頭骨

モノニクス・オレクラヌス *Mononykus olecranus*

分類：竜盤類　獣脚類　コエルロサウルス類　アルバレッツサウルス科
時代：白亜紀後期
産地：モンゴル南西　ブギン・ツァフ

　モノニクスという名前は，手に1本の大きいツメをもっていることに由来している。モノニクスを含むアルバレッツサウルス科の恐竜は，モノニクス以外にもパルビクルソルとシュブウイアがモンゴルから発見されている。また，南米からもその仲間(アルバレッツサウルスとパタゴニクス)が知られている。竜骨突起をもった胸骨などの特徴からアルバレッツサウルス科は鳥類であるという考えがあったが，現在では鳥類ではなく，より原始的な恐竜であると考えられている。このグループは鳥類の特徴を収斂進化で獲得したのであろう。

テリジノサウルス・ケロニフォルミス *Therizinosaurus cheloniformis*

分類：竜盤類　獣脚類　コエルロサウルス類　テリジノサウルス類
時代：白亜紀後期
産地：モンゴル南西　ヘルミン・ツァフ

　テリジノサウルスは，白亜紀後期のネメグト層(ヘルミン・ツァフ)から発見されたテリジノサウルス類恐竜である。ほぼ完全な腕がみつかっている。長く大きなツメの使い方について謎は多く，木の実を食べるためや魚をとるためなど議論されている。ナマケモノのような体の構造がみられるとも指摘され，似たような生活をしていたかもしれないと考えられている。

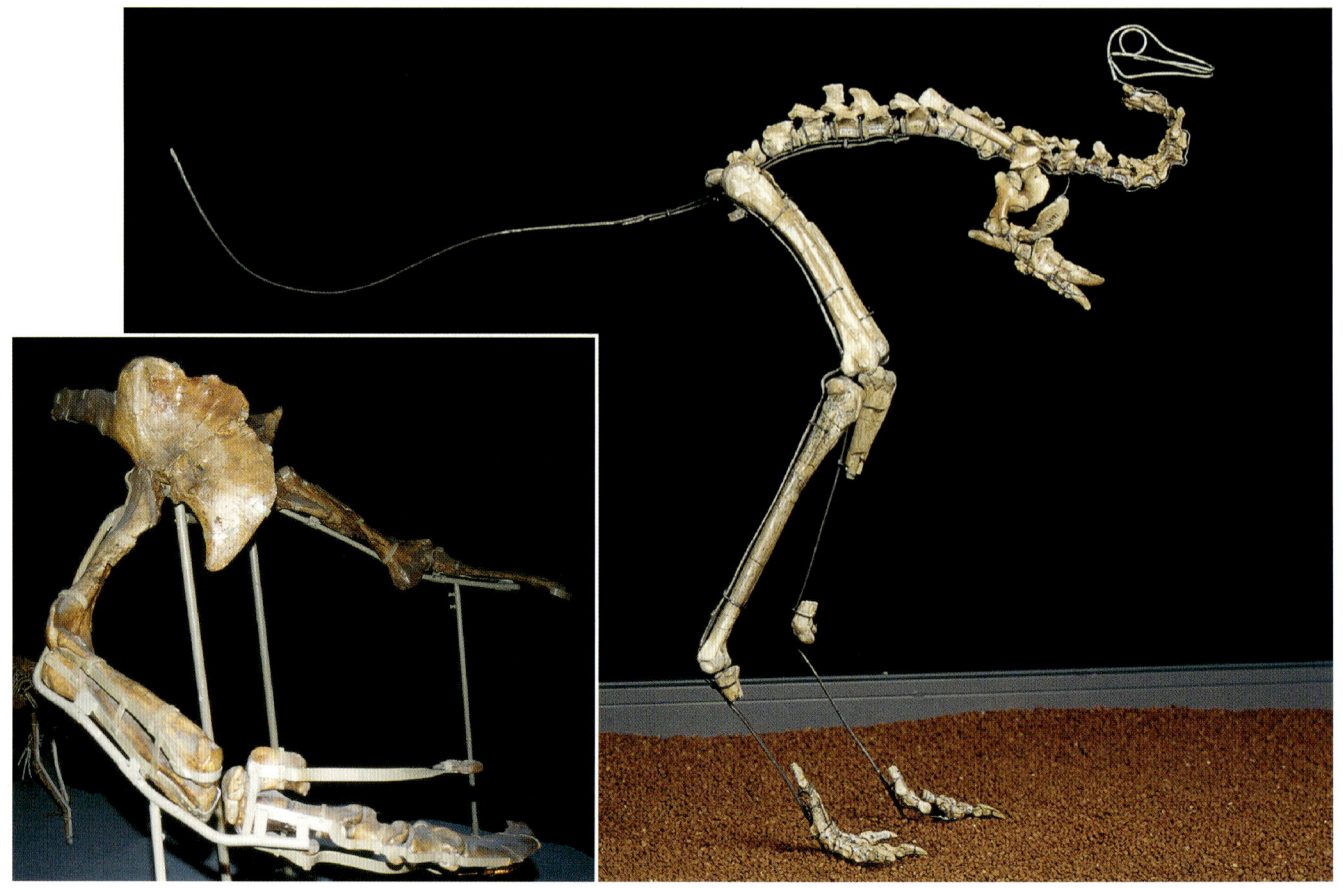

テリジノサウルスの腕

モノニクスの全身骨格

鳥類への旅立ち
獣脚類から鳥類へ

　モンゴルから発見されている獣脚類恐竜に，抱卵をしたオビラプトロサウルス類(シチパチ)やまるで鳥類のような胸骨をもったアルバレッツサウルス科(モノニクス)など，鳥類の特徴をもつ鳥になりきっていない恐竜を紹介したが，これらはすべて白亜紀末の大量絶滅前に生きていた恐竜ばかりである。恐竜の"鳥類化"はそのずっと前からすでにはじまっていた。もっとも原始的な鳥類はドイツからみつかっている始祖鳥で，ジュラ紀後期のものだ。さらに，コエルロサウルス類を形成するそれぞれの分類群がジュラ紀から続々と発見されている。つまり，コエルロサウルス類はジュラ紀後期以前に多様化し，そのときに鳥類も出現したと考えられる。体を小型化させたコエルロサウルス類の恐竜は，"鳥類化"すべく進化したために，鳥になりきれなかったけれども鳥類の特徴がみられるようになったのだろう。

　コエルロリウルス類の恐竜が鳥類に進化し空を飛べるようになるまで，その前段階として徐々に鳥類の特徴を進化させていく。始祖鳥が発見された直後，鳥類は恐竜から進化したと考えられた。その大きな原因は，始祖鳥に鳥のような風切羽の痕跡が残されていたからだ。現在の動物で羽毛を生やしているのは鳥類しかいない。そのため，羽毛の存在によって，その動物が鳥か否かを容易に判断できる，そう考えられていた。この考えは，1996年に中国の遼寧省からシノサウロプテリクスというコンプソグナトゥス科の恐竜が発見されるまでは問題がなかった。しかし，シノサウロプテリクスに羽毛が残されていたため，この発見は鳥類進化の研究に大きな衝撃を与えた。その後，つぎつぎと羽毛の生えたコエルロサウルス類の恐竜が中国から発見されていく。ティラノサウルス類のディロング，オビラプトロサウルス類のカウディプテリクス，テリジノサウルス類のベイピアオサウルス，ドロマエオサウルス科のミクロラプトルやシノオルニトサウルスなどに羽毛が残されている。オルニトミモリウルス類やアルバレッツサウルス科，トロオドン科に羽毛の残された化石はまだ報告されていないが，おそら

● コエルロサウルス類の系統樹の一例

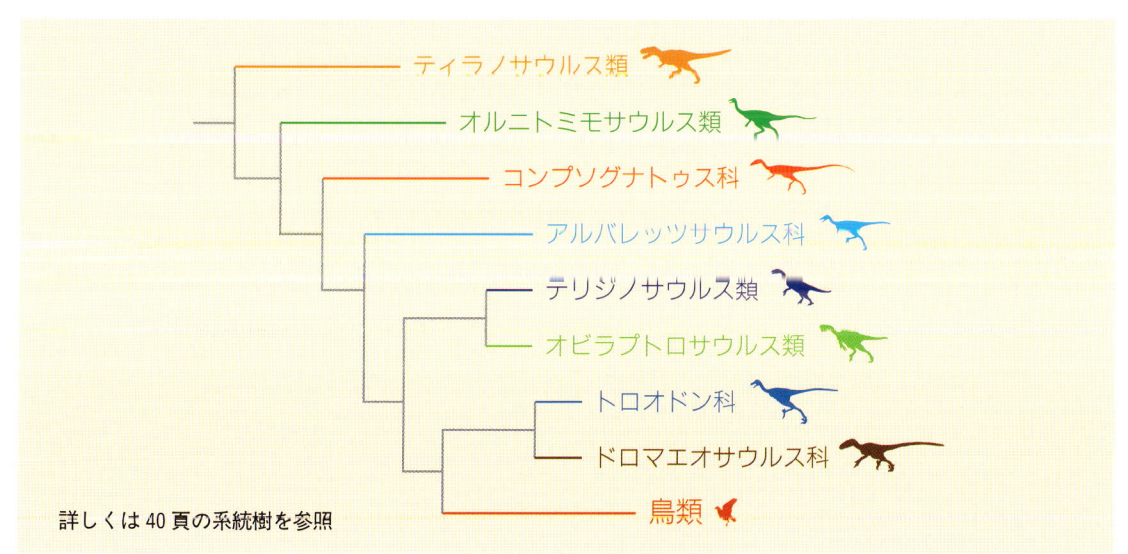

詳しくは 40 頁の系統樹を参照

40……獣脚類

●コエルロサウルス類の系統樹(Makovicky et al., 2005を参考に作成)

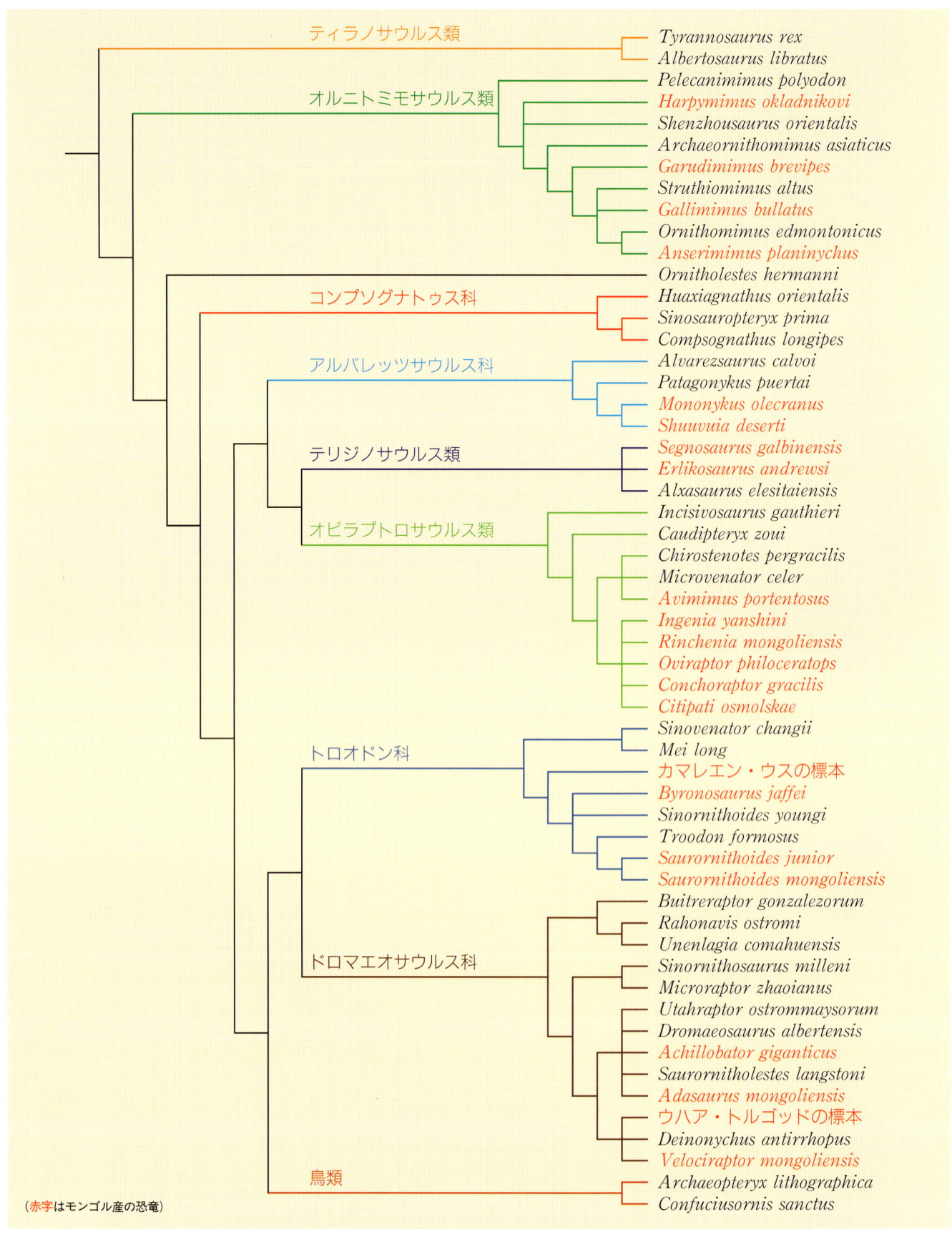

```
ティラノサウルス類
├ Tyrannosaurus rex
└ Albertosaurus libratus

オルニトミモサウルス類
├ Pelecanimimus polyodon
├ Harpymimus okladnikovi
├ Shenzhousaurus orientalis
├ Archaeornithomimus asiaticus
├ Garudimimus brevipes
├ Struthiomimus altus
├ Gallimimus bullatus
├ Ornithomimus edmontonicus
└ Anserimimus planinychus

Ornitholestes hermanni

コンプソグナトゥス科
├ Huaxiagnathus orientalis
├ Sinosauropteryx prima
└ Compsognathus longipes

アルバレッツサウルス科
├ Alvarezsaurus calvoi
├ Patagonykus puertai
├ Mononykus olecranus
└ Shuuvuia deserti

テリジノサウルス類
├ Segnosaurus galbinensis
├ Erlikosaurus andrewsi
└ Alxasaurus elesitaiensis

オビラプトロサウルス類
├ Incisivosaurus gauthieri
├ Caudipteryx zoui
├ Chirostenotes pergracilis
├ Microvenator celer
├ Avimimus portentosus
├ Ingenia yanshini
├ Rinchenia mongoliensis
├ Oviraptor philoceratops
├ Conchoraptor gracilis
└ Citipati osmolskae

トロオドン科
├ Sinovenator changii
├ Mei long
├ カマレエン・ウスの標本
├ Byronosaurus jaffei
├ Sinornithoides youngi
├ Troodon formosus
├ Saurornithoides junior
└ Saurornithoides mongoliensis

ドロマエオサウルス科
├ Buitreraptor gonzalezorum
├ Rahonavis ostromi
├ Unenlagia comahuensis
├ Sinornithosaurus milleni
├ Microraptor zhaoianus
├ Utahraptor ostrommaysorum
├ Dromaeosaurus albertensis
├ Achillobator giganticus
├ Saurornitholestes langstoni
├ Adasaurus mongoliensis
├ ウハア・トルゴッドの標本
├ Deinonychus antirrhopus
└ Velociraptor mongoliensis

鳥類
├ Archaeopteryx lithographica
└ Confuciusornis sanctus
```

(赤字はモンゴル産の恐竜)

これまでに紹介している系統樹と一致しない部分があるが, 異なった解析によって異なった結果がでるためである

Makovicky, P., S. Apesteguía, and F. L. Agnolín. 2005. The earliest dromaeosaurid theropod from South America. Nature, 437: 1007-1011.

くこれらのコエルロサウルス類の恐竜も羽毛で覆われていたと考えられる。原始的なコエルロサウルス類に残された羽毛は、まるで"毛"のように単純な構造をしている。その後、その"毛"は構造を複雑化させ、最終的には風切羽へと進化していく。本来、"毛"のような羽毛を進化させた理由は、体温調節であると考えられている。コエルロサウルス類は体が小さく、体の大きさに対する表面積が大きいので熱が逃げやすい。そのため羽毛をもつことで体温を調節していた。つぎの段階になると、恐竜は体温調節以外の用途で羽毛を利用しはじめる。カウディプテリクスの腕や尻尾には、風切羽のような羽毛がある。これらの羽は短く左右対称なもので飛翔には向いていなかった。そのかわりに羽を色で飾り、交配相手をみつけたり敵味方を認識したりするためのコミュニケーションに使っていた可能性が考えられている。また、先に紹介したシチパチのように卵を抱えて温めていた可能性が考えられるため、腕の羽毛は卵を温めるために進化したのかもしれない。ドロマエオサウルス科の恐竜には風切羽が発達し、この段階で鳥類のように羽毛を飛翔に使っていたと考えられている。このように、羽毛は体温調節→コミュニケーション・抱卵など→飛翔へと進化していった道筋が考えられる。始祖鳥の体に残された羽毛も非対称の風切羽の構造をしているが、空を飛ぶにしては非対称度が少ないという意見や胸骨の竜骨突起の発達が弱いなど、始祖鳥がほんとうに空を飛んでいたかという議論があった。しかし、最近の研究によって始祖鳥の三半規管の構造から空中での生活に適していたことがわかっている。

モンゴルの白亜紀前期の地層からも羽毛の化石が発見されている。しかし、現在まで羽毛とともに保存された骨格化石は発見されていない。この地層は中国遼寧省の地層と同じような堆積環境のもので、同種類の魚や昆虫などひじょうに保存のよい化石も発見されている。今後の発掘によりモンゴルからも羽毛恐竜が発見されることだろう。

● 鳥類の定義

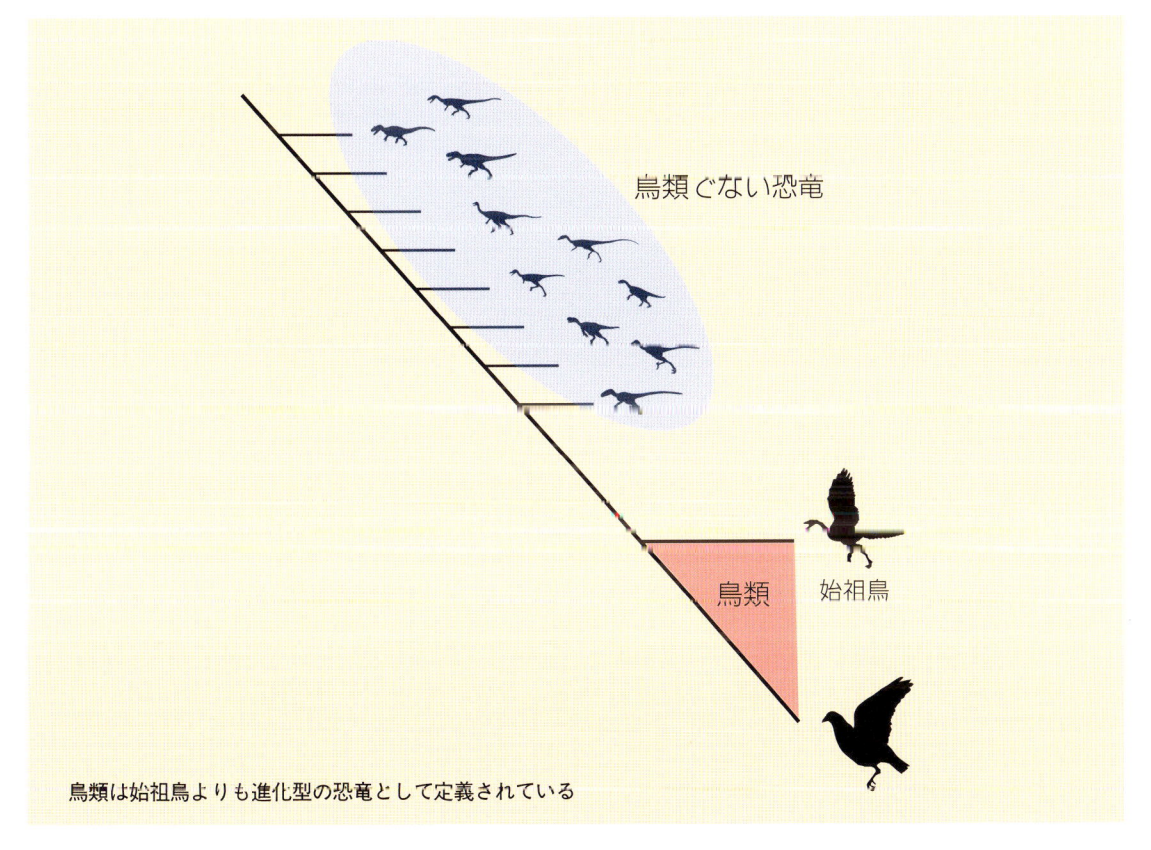

鳥類は始祖鳥よりも進化型の恐竜として定義されている

巨大化した恐竜
竜脚類

　竜脚類は，地球史上最大の陸上動物となった恐竜である。そのなかでも，ジュラ紀のセイスモサウルスやスーパーサウルス，白亜紀のアルゼンチノサウルスが最大級のものとされ，体長30メートルをこえる。モンゴルの竜脚類は，ジュラ紀後期から白亜紀後期の地層から発見されている。モンゴル西部に分布するジュラ紀後期の地層から発見されている竜脚類は，マメンチサウルスの仲間と考えられているが，それが中国のマメンチサウルスと同属なのか否かはまだわかっていない。数多くの化石が幾層準にもわたって発見されていることから，ジュラ紀後期をとおしてモンゴル西部にはマメンチサウルスの仲間が生息していたと考えられる。白亜紀後期のモンゴルの竜脚類は有名であったが，白亜紀前期のものは2006年までよく知られていなかった。1920年代に行われたアメリカ自然史博物館による発掘で恐竜の歯と部分骨が発見され，それぞれアジアトサウルスとモンゴロサウルスと命名された。しかし，現在ではそれらは有効名とされていない。その後，約80年たった2002年に，アメリカ自然史博物館とモンゴルの共同研究によって新たに竜脚類化石が発掘され，2006年にエルケツ・エリソニと命名された。この恐竜はチタノサウルス類に属し，体の骨に対して長い首をもっていたと考えられている。この化石は河川氾濫原の堆積物から数本の獣脚類の歯とともに発見されている。白亜紀後期の竜脚類恐竜は，これまで3種類が報告されている。ポーランドとモンゴルの共同調査によってネメグト層からネメグトサウルスとオピストコエリカウディアが，旧ソ連とモンゴルの共同調査によってバルンゴヨット層からクアエシトサウルスがそれぞれ発見された。竜脚類の系統関係は研究結果により異なっている。ここに紹介している系統樹では，ネメグトサウルスがディプロドクス類とされているが，ほかの研究ではチタノサウルス類とするものもある。クアエシトサウルスは，ネメグトサウルスと同属であるという考えもあるが，頭骨にもあきらかにちがいがあるとされ，現在では別属とされている。オピストコエリカウディアは尾椎骨の椎体が前面は球形にふくらみ後面はボール状にへこんでいることから命名された。1977年に論文が出版されたときはカマラサウルス科の恐竜として記載されたが，現在ではより進化型のチタノサウルス類でアルゼンチンのサルタサウルスと類似し，サルタサウルス科に属すと考えられる。クアエシトサウルスとネメグトサウルスは近い関係にありながら，産出した地層の年代がそれぞれCampanianとMaastrichtianで異なっている。このことから，ネメグトサウルスの仲間が長期にわたってモンゴル付近に生息していたことがわかる。一方，ディプロドクス類（ネメグトサウルス）と進化型のチタノサウルス類（オピストコエリカウディア）が同じネメグト層から発見されていることから，同じ環境に異なった竜脚類が共存していた可能性がある。

　竜脚類の巨大化と鳥類の進化に，ある共通点がある。それは気嚢システムの獲得である。気嚢システムとは，酸素と二酸化炭素を交換する肺以外に気嚢という袋をもつことにより，呼吸によってつねに新鮮な空気が一方向から肺に流れこみ，肺のなかで酸素と二酸化炭素の交換が効率よく行われるシステムをいう。現在の鳥類はこの気嚢システムをもち，効率的な呼吸をし

ていることが知られている。鳥類はこの気嚢システムの獲得により体を軽量化し，飛翔という活発な動きを可能にした。一方，陸上での生活を選択した竜脚類は，気嚢システムによる体の軽量化を可能とし巨大化に成功した。もし，現在の鳥類と同様の気嚢システムが竜脚類の体に存在していたら，体全体の密度を15パーセントほど低くすることができたと考えられている。

竜脚類は体を大きくすることで，体の熱が逃げにくく，昼夜の短期間の温度変化に影響されず体温を一定に保ちながら行動ができた（慣性恒温）と考えられる。このように，竜脚類と鳥類は同じような呼吸系をもちながら，一方は巨大化へ，もう一方は空へと，まったくちがった道を選んで進化していったのだ。

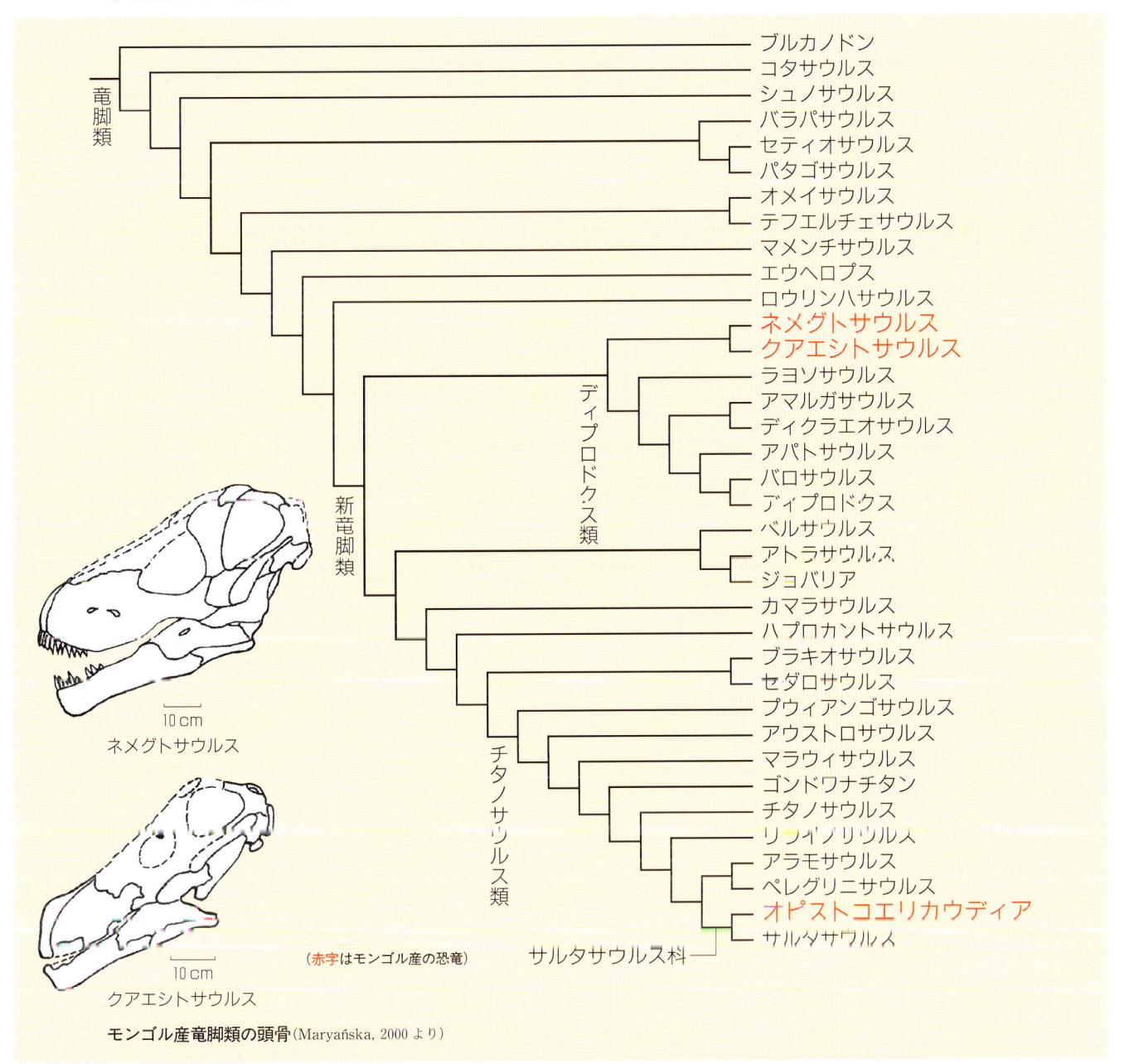

● 竜脚類恐竜の系統樹（Upchurch et al., 2004を参考に作成）

モンゴル産竜脚類の頭骨（Maryańska, 2000より）

（赤字はモンゴル産の恐竜）

Maryańska, T. 2000. Sauropods from Mongolia and the former Soviet Union; pp. 456-461 in M. J. Benton, M. A. Shishkin, D. M. Unwin, and E. N. Kurochkin (eds.), The Age of Dinosaurs in Russia and Mongolia. Cambridge University Press, Cambridge.
Upchurch, P., P. M. Barrett, and P. Dodson. 2004. Sauropoda; pp. 259-322 in D. B. Weishampel, P. Dodson, and H. Osmólska (eds.), The Dinosauria. 2nd ed. University of California Press, Berkeley.

植物食にもっとも適応した恐竜
鳥脚類

　鳥脚類は世界各地から発見されていて，恐竜のなかでもっともよく研究されている。その最古のものはジュラ紀前期から知られていて白亜紀の終わりまで繁栄した。イグアノドン類は，以前"ヒプシロフォドン科"，"イグアノドン科"，ハドロサウルス科と大きく区分されていたが，現在ではヒプシロフォドン科とイグアノドン科は側系統群，ハドロサウルス科は単系統群とされている。鳥脚類の進化として，2つの傾向が認められる。1つは，巨大化である。"ヒプシロフォドン科"の恐竜は体長1〜2メートル程度と小型のものが多いが，ハドロサウルス科になると10メートルをこえるものが出現してくるのである。もう1つは，顎が植物を効率よくすりつぶす方向へ変化したことである。ハドロサウルス科は恐竜のなかでもっとも植物食に適応し，白亜紀後期までに世界中に広がっていった被子植物をエサとすることができた。

　モンゴルの白亜紀前期の地層からは，ハドロサウルス科まで進化していないイグアノドン類（かつて"イグアノドン科"とよばれた恐竜）のイグアノドンやアルティリヌスが発見されてい

● イグアノドン類の系統樹 (Horner et al., 2004 を参考に作成)

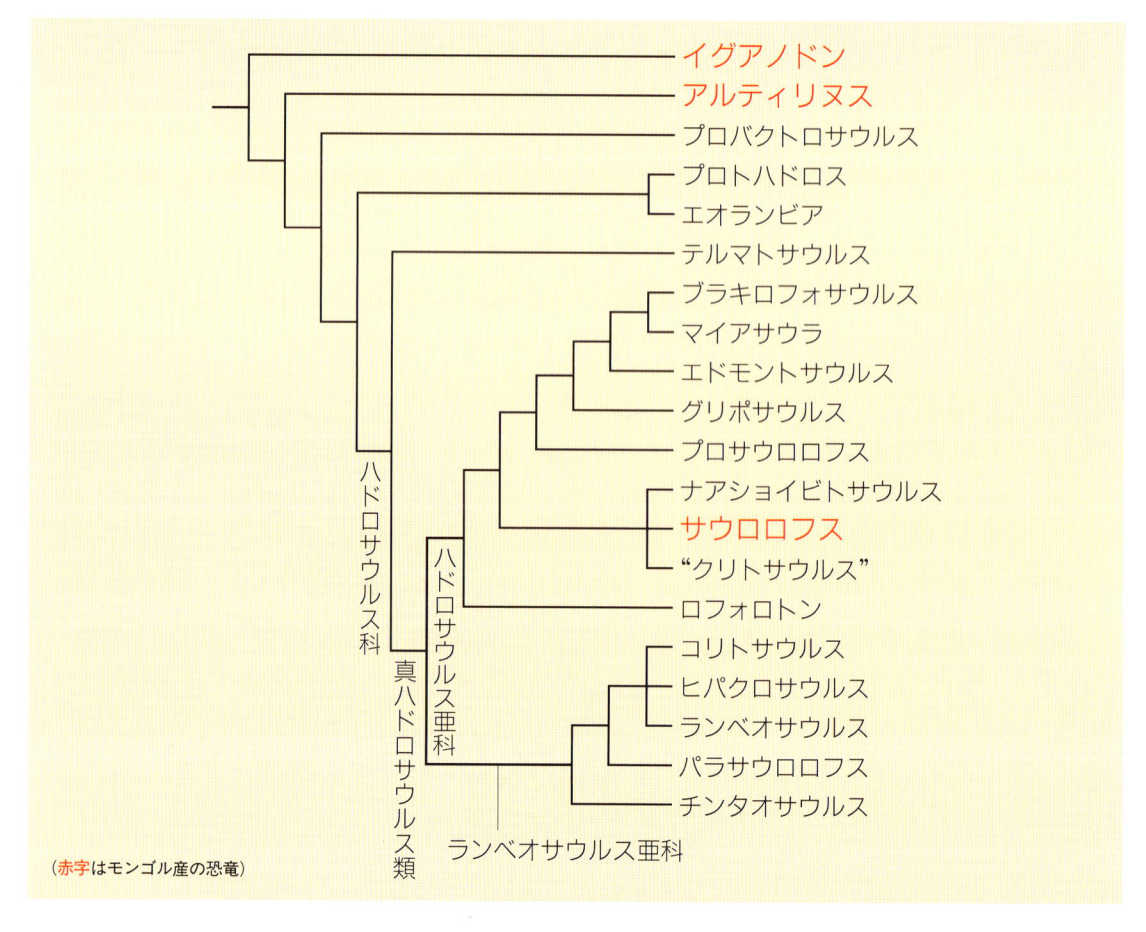

- イグアノドン
- アルティリヌス
- プロバクトロサウルス
- プロトハドロス
- エオランビア
- テルマトサウルス
- ブラキロフォサウルス
- マイアサウラ
- エドモントサウルス
- グリポサウルス
- プロサウロロフス
- ナアショイビトサウルス
- サウロロフス
- "クリトサウルス"
- ロフォロトン
- コリトサウルス
- ヒパクロサウルス
- ランベオサウルス
- パラサウロロフス
- チンタオサウルス

ハドロサウルス科／真ハドロサウルス類／ハドロサウルス亜科／ランベオサウルス亜科

（赤字はモンゴル産の恐竜）

Horner, J. R., D. B. Weishampel, and C. A. Forster. 2004. Hadrosauridae; pp. 438-463 in D. B. Weishampel, P. Dodson, and H. Osmólska (eds.), The Dinosauria. 2nd ed. University of California Press, Berkeley.

る。イグアノドンは白亜紀前期の北半球(アジアやヨーロッパ，北米)に広く分布した恐竜である。アルティリヌスはイグアノドンに類似しているが，よりハドロサウルス科に向かって進化した恐竜だ。鼻の部分が大きくふくらんでいるのが特徴である。

　白亜紀後期の鳥脚類はおもにハドロサウルス科のものである。進化型のハドロサウルス科(真ハドロサウルス類)は，大きくハドロサウルス亜科とランベオサウルス亜科の2つに分けられる。モンゴルからは，真ハドロサウルス類になりきっていない原始的なハドロサウルス科であるバクトロサウルス，ハドロサウルス亜科のサウロロフス，ランベオサウルス亜科のバルズボルディアが発見されている。サウロロフスとバルズボルディアはネメグト層からみつかっており，ハドロサウルス亜科とランベオサウルス亜科が同時期にモンゴルに棲んでいたことになる。一方で，北米の白亜紀後期の地層からは30種近いハドロサウルス科の恐竜が発見され，北米においてハドロサウルス科が繁栄していたことを示している。このことから，モンゴルは北米ほどハドロサウルス科の恐竜が多様化していなかったのかもしれないと考えられる。

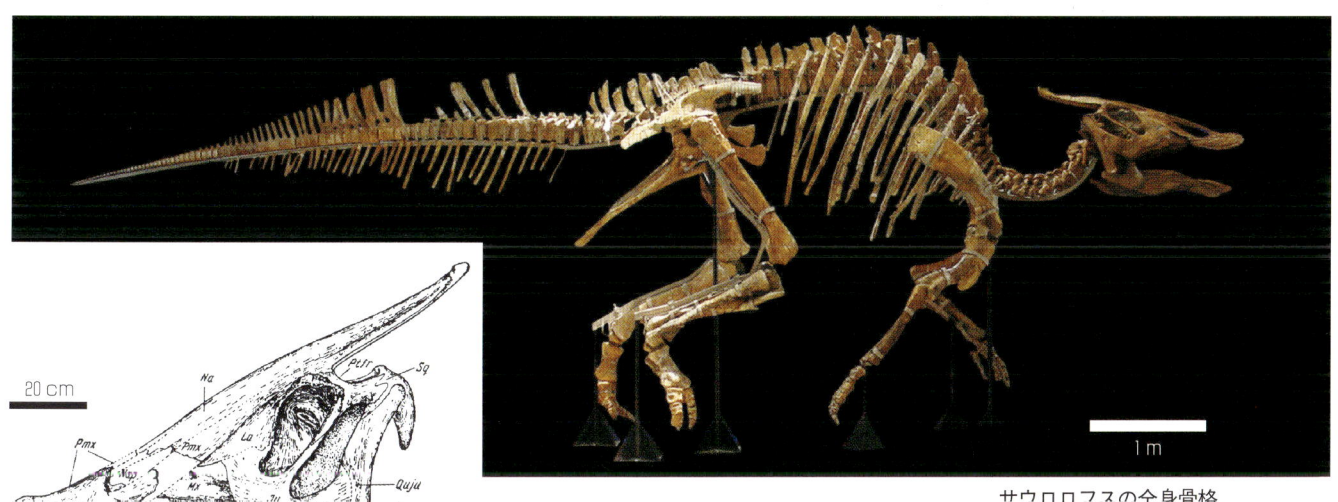

サウロロフスの頭骨(Rozhdestvensky, 1952)

サウロロフスの全身骨格

サウロロフス(小田　隆/画)

Rozhdestvensky, A. K. 1952. A new representative of the duck-billed dinosaur from the Upper Cretaceous deposits of Mongolia. Dokl. Akad. Nauk S.S.S.R., 86: 405-408.

イグアノドン類の恐竜 Iguanodontia indet.

分類：鳥盤類 鳥脚類 イグアノドン類
時代：白亜紀前期
産地：モンゴル南東 フルン・ドッホ

1822年にイギリスでイグアノドンがはじめて発見されて以来，イグアノドン類の恐竜は世界中から発見されている。アジアもその例外ではなく，日本でも福井県から発見されたフクイサウルスをはじめ，石川県や岐阜県，熊本県などから発見されている。進化型のイグアノドン類の顎には植物をすりつぶすための歯がたくさん並んでいる。これらはすりへってしまうと下からつぎつぎと生えてきたようで，この標本にも出番をまっている歯がみられる。なお，この標本は2000年以降の恐竜化石発掘調査によって発掘された。現在研究中であるが，同じモンゴルから発見されているアルティリヌスに類似していると考えられている。

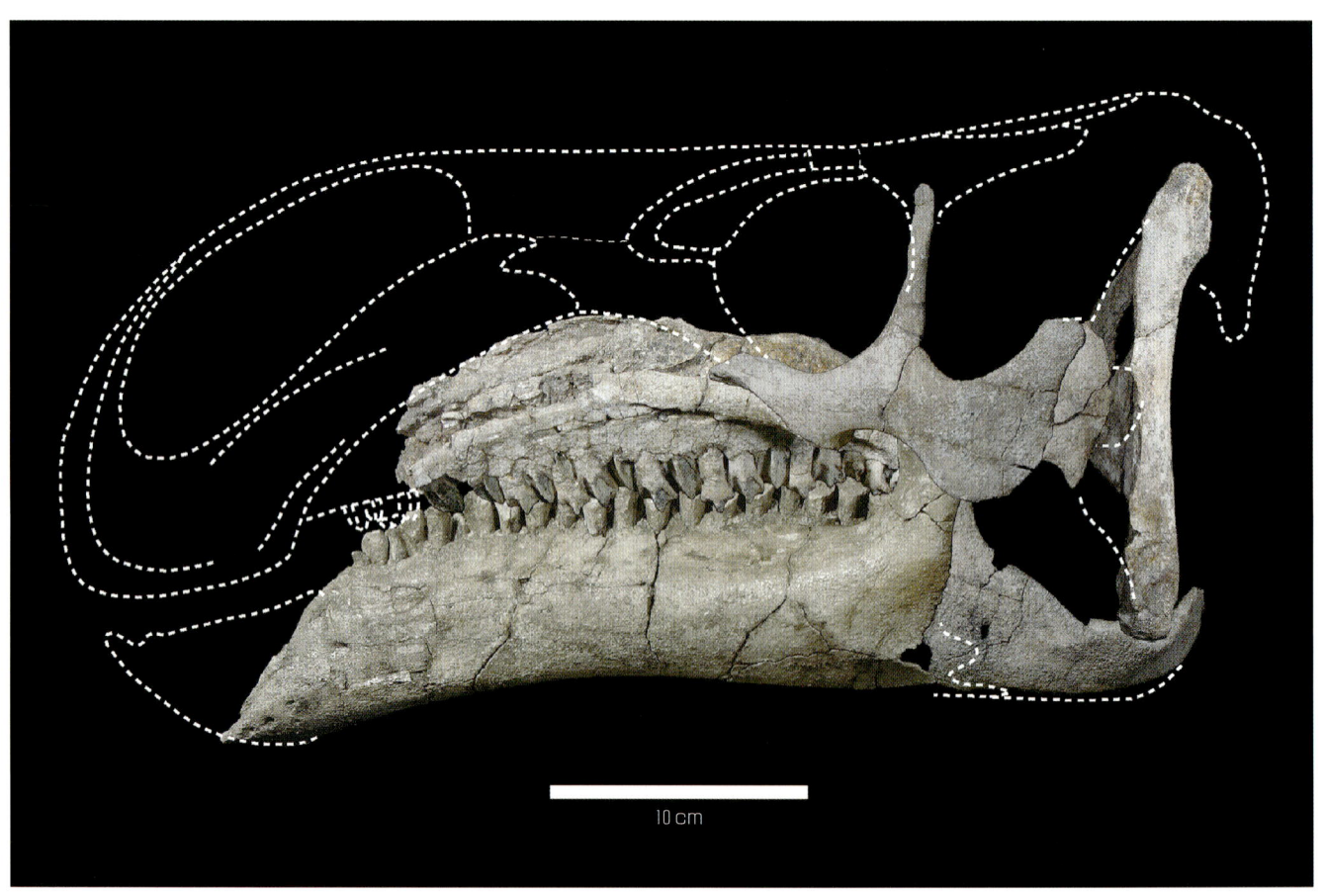

フルン・ドッホからみつかったイグアノドン類の頭骨

サウロロフスの一種 *Saurolophus* sp.

分類：鳥盤類 鳥脚類 ハドロサウルス科 ハドロサウルス亜科
時代：白亜紀後期
産地：モンゴル南西　ネメグト

　サウロロフスは口先が扁平になったハドロサウルス科の恐竜で、カモノハシ恐竜ともよばれている。サウロロフスの目の上あたりから後方に向かって長い突起が伸びている。これは仲間と大きな音をだしてコミュニケーションをとりあうためや、おたがいを識別するための器官と関係していたと考えられている。上下の顎の前には平たくなった歯のないクチバシをもち、奥には歯がぎっしりと並び植物をすりつぶしていた。また、奥の歯が1つの歯槽に3段以上になっていることがハドロサウルス科またはそれに近いイグアノドン類の特徴の1つとされている。このような構造は奥歯がすりへってしまうと、すぐにつぎの歯が生えかわることでギャップをうめるために発達した。

サウロロフスの全身骨格

サウロロフスの頭骨

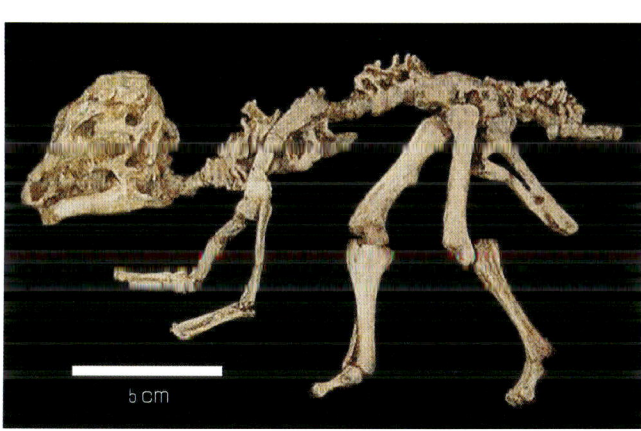

ハドロサウルス科の幼体の骨格

頭骨に襟飾りと角をもった恐竜
角竜類

　角竜類はクチバシをもち，頬骨が外側にはりだした特有な頭骨をもつ植物食恐竜である。進化型の角竜類(ケラトプス科)は北米からたくさんの種類が発見され，そのすべては目や鼻の上に角を発達させている。また，頭骨の後部にはさまざまな装飾がほどこされた襟飾りが広がり，その襟飾りのかたちや装飾は種類によって異なっている。さらに，ケラトプス科の体は4〜8メートルまでに大型化し，四足歩行をしていた。一方，モンゴルからみつかっている角竜類はすべて，ケラトプス科より原始的なものである。それらは，進化型の角竜類が北米から発見されることとは対照的に，おもにモンゴルと中国から発見されている。アジアの角竜類は小型で，なかには二足歩行のものもいた。そのため，角竜類の祖先は二足歩行であって，体が大きくなるにしたがいその体重を支えるために四足歩行に変化していったと考えられている。

　アジアの白亜紀前期の地層から発見されている角竜類のほとんどはプシッタコサウルスで，

● **角竜類の系統樹** (You and Dodson, 2004 を参考に作成)

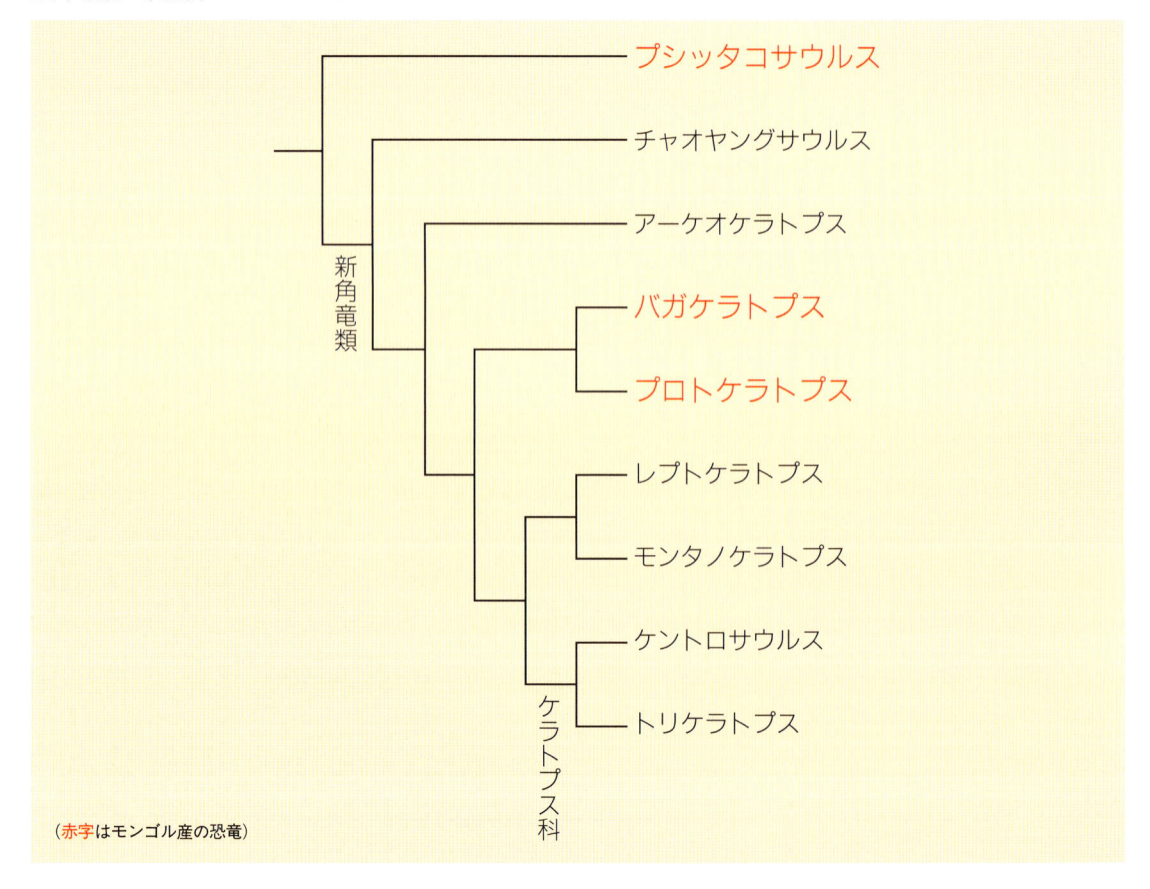

```
                    ┌── プシッタコサウルス
                    │
              ┌─────┤
              │     └── チャオヤングサウルス
              │
              │     ┌── アーケオケラトプス
              │     │
              │     │        ┌── バガケラトプス
新角竜類 ─────┤     ├────────┤
              │     │        └── プロトケラトプス
              │     │
              └─────┤        ┌── レプトケラトプス
                    │   ┌────┤
                    │   │    └── モンタノケラトプス
                    └───┤
                        │    ┌── ケントロサウルス
                        └────┤
                             └── トリケラトプス
                                    ケラトプス科
```

(**赤字**はモンゴル産の恐竜)

You, H.-L. and P. Dodson. 2004. Basal Ceratopsia; pp. 478-493 in D. B. Weishampel, P. Dodson, and H. Osmólska (eds.), The Dinosauria. 2nd ed. University of California Press, Berkeley.

モンゴルもその例外ではない。その種は10を数え，北はロシア，南はタイにいたるまで発見されている。またプシッタコサウルスの産出は白亜紀前期の地層にかぎられているため，示準化石(ある特定の年代を示す化石)として用いることができると考える研究者もいる。モンゴルから発見されているプシッタコサウルスは，プシッタコサウルス・モンゴリエンシスとされている。この種において，体重が900グラムの幼体から20キロほどの成体の個体を用いて，成長速度の研究がされている。その結果，プシッタコサウルスは生後約9年で成体に達し，一番成長の早い時期で1日13グラム程度，体重が増えていたと考えられている。この成長速度は哺乳類や鳥類にくらべればひじょうに遅いが，通常の爬虫類にくらべ4倍の速度とされている。プシッタコサウルスは成体とともに，数十体の幼体がいっしょにみつかっている。このことから，プシッタコサウルスは集団生活をしていた時期があると考えられている。

　白亜紀後期になると，モンゴルの角竜類の種類は増加し，これまでバガケラトプス，バイノケラトプス，グラシリケラトプス，ラマケラトプス，プラティケラトプス，プロトケラトプス，ウダノケラトプスが発見されている。このなかでもプロトケラトプスがもっとも数多く発見され，よく研究されている。プロトケラトプスは，風に運ばれて堆積した砂にうもれた状態で発見される場合が多い。このことから，この恐竜は比較的乾燥しているが，暖かく季節性のある環境に棲んでいたと考えられている。プロトケラトプスは，ジャドクタ層(Coniacian-Campanian)の地層から数えきれないほどの骨格化石がみつかっているが，それよりも新しく，数多くの恐竜を産出しているネメグト層(Maastrichtian)からは発見されていない。これは，ジャドクタ層とネメグト層の境で生じた環境変化のためであるのかもしれない。プシッタコサウルス同様に，幼体がまとまって発見されたため，プロトケラトプスもまた集団で行動していたと考えられる。

　先に紹介したように，原始的な角竜類がアジアを中心に発見され，進化型のものが北米で発見されていることから，角竜類がアジアに起源をもち，当時陸続きだったベーリング陸橋を経由して北米に移動していったと考えられている。アラスカ州から進化型の角竜類が発見されているため，角竜類がベーリング陸橋をわたって，アジア－北米間をわたり歩いたことは間違いないであろう。

プシッタコサウルスの骨格

バガケラトプス・ロジェドストベンスキ *Bagaceratops rozhdestvenskyi*

分類：鳥盤類　角竜類　新角竜類
時代：白亜紀後期
産地：モンゴル南西　フルサン

　バガケラトプスは新角竜類の恐竜のなかでもとくに小さい体をしている。この恐竜は四足歩行で，顎にはじょうぶな角質のクチバシがあった。プロトケラトプスよりも新しい時代に生息していたにもかかわらず，襟飾りが小さく短いといった原始的な特徴をもっている。一方で，成長するにつれて横にはりだす襟飾りや，鼻の上にある大きめの突起，上顎の前の歯が退化するといった進化的な特徴ももっている。

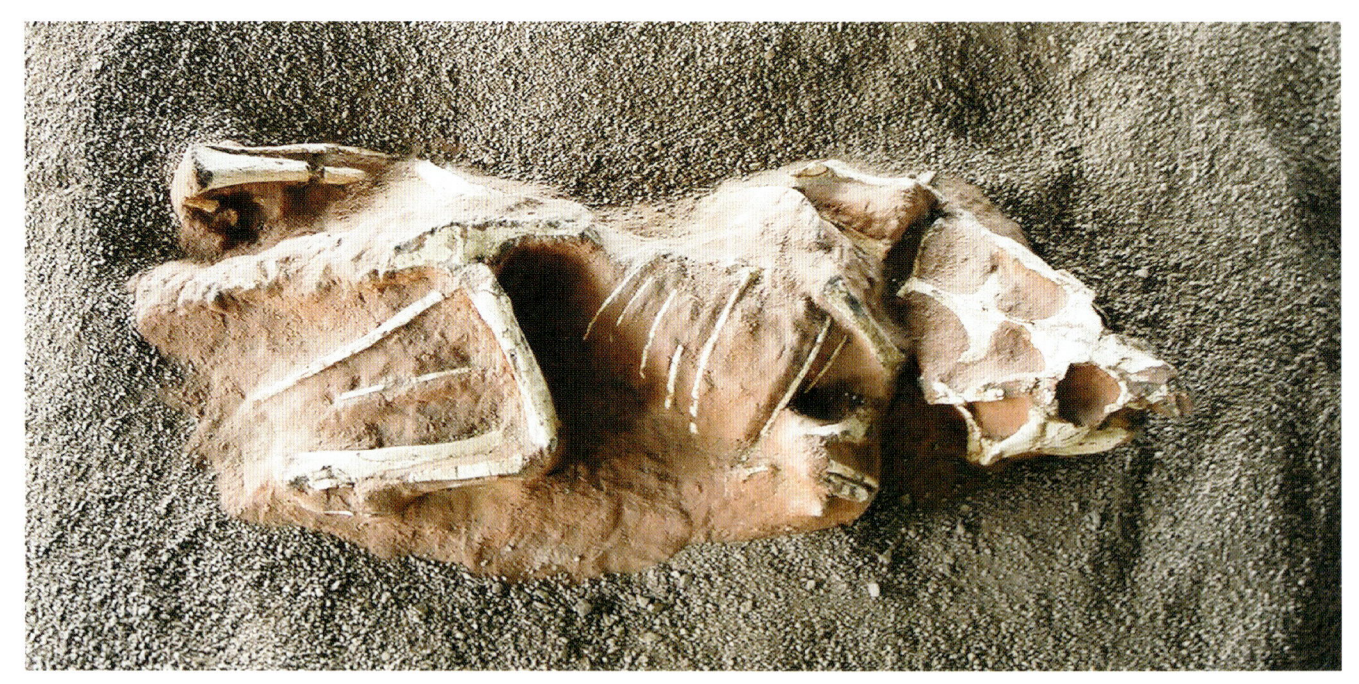

バガケラトプスの全身骨格

プロトケラトプス・アンドリューシ *Protoceratops andrewsi*

分類：鳥盤類 角竜類 新角竜類
時代：白亜紀後期
産地：モンゴル南部 ツグリキン・シレ

　プロトケラトプスは四足歩行をする小型の角竜類で，これまでもっとも多く化石が発見された恐竜の1つである。この恐竜には角竜の特徴である角がないかわりに，コブ状の突起があることがある。また顎にはオウムのような頑丈なクチバシがあり，植物を食べるのに適していた。100体をこえる標本には子どもから大人のものまでがみられ，プロトケラトプスの成長過程を理解するために役立つ。さらに襟飾りの特徴な">どから，オスとメスを区別することができるとされている。ツグリキン・シレの産地からは，プロトケラトプスと肉食恐竜のベロキラプトルが格闘し，からまった状態でみつかっている。また，15体の幼体がいっしょに発見されており，集団で行動していたことがわかっている。これらの幼体は風を避けるように同じ方向を向いていたとされている。

プロトケラトプスの頭骨

プロトケラトプスの全身骨格

ヘルメットのような頭をもつ恐竜
堅頭類

堅頭類は，頭頂部の骨を分厚く発達させた恐竜で，その分厚い頭骨のまわりには骨質のコブをたくさんもっている。このように頭骨のまわりを骨が装飾しているため角竜類と近縁であるとされ，堅頭類と角竜類をあわせて周飾頭類とよばれている。堅頭類は植物食で，そのすべては二足歩行をしていた。堅頭類の嗅球(脳の一部)は大きく，嗅覚にすぐれていたことがわかっている。

堅頭類の骨格は比較的華奢にできており，全身の骨格が化石としてみつかることは少ない。しかし，その分厚い頭骨は化石として残りやすい。堅頭類は北米とアジアからの発見が多いが，ヨーロッパからもみつかっている。以前はアフリカからも報告があったが，現在ではその化石は堅頭類ではなく獣脚類のものであると考えられている。堅頭類の化石のほとんどは白亜紀後期の後半であるCampanianとMaastrichtianの地層から発見されている。

モンゴルからは，ゴヨケファレ，ホマロケファレ，ティロケファレ，プレノケファレの4種類の堅頭類が発見されている。ゴヨケファレとホマロケファレの頭頂部は扁平になっており，ティロケファレとプレノケファレのものは北米

● 堅頭類の系統樹 (Maryańska et al., 2004 を参考に作成)

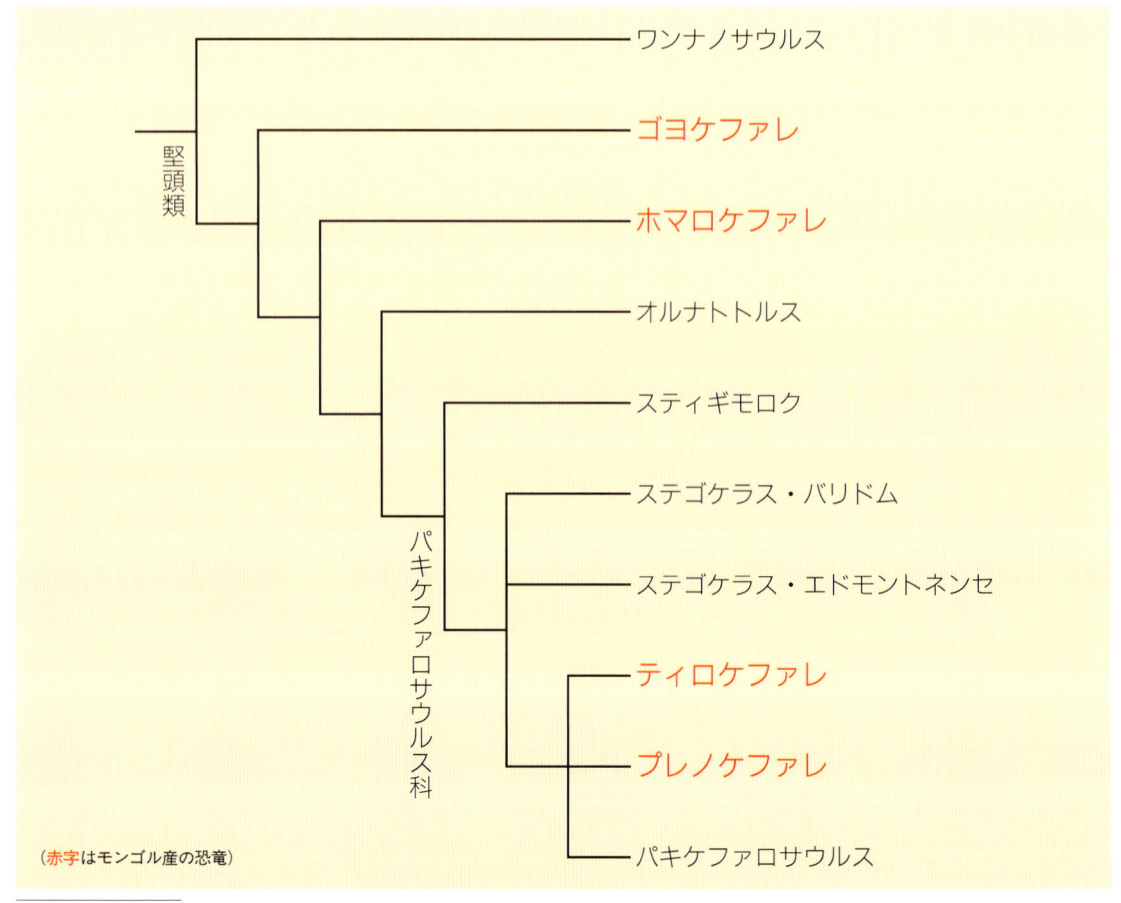

```
堅頭類
├── ワンナノサウルス
└── ┬── ゴヨケファレ
    └── ┬── ホマロケファレ
        └── ┬── オルナトトルス
            └── パキケファロサウルス科
                ├── スティギモロク
                └── ┬── ステゴケラス・バリドム
                    ├── ステゴケラス・エドモントネンセ
                    └── ┬── ティロケファレ
                        ├── プレノケファレ
                        └── パキケファロサウルス
```

(赤字はモンゴル産の恐竜)

Maryańska, T., R. E. Chapman, and D. B. Weishampel. 2004. Pachycephalosauria; pp. 464–477 in D. B. Weishampel, P. Dodson, and H. Osmólska (eds.), The Dinosauria. 2nd ed. University of California Press, Berkeley.

のパキケファロサウルスのようにドーム状のかたちをしている。この特徴的な頭頂部のかたちに基づいて，ティロケファレとプレノケファレは，パキケファロサウルスとともにパキケファロサウルス科に属する。ティロケファレはバルンゴヨット層から発見され，その堆積物から温暖で比較的乾燥した環境に棲んでいたと考えられている。一方，ホマロケファレとプレノケファレはネメグト層から発見され，暖かく湿潤で河川の発達した環境で生活していたようだ。ネメグト層の堆積時にはこれらの異なる頭骨の形状をしたものが共存していたことをうかがわせている。

分厚い頭骨は，恐竜のなかで堅頭類のみにみられる独特なものだが，その機能については1930年代にはじめてみつかったときから注目を浴びている。以前は，縄張り争いなどの目的で頭と頭をぶつけあっていたため，頭骨が分厚くなったという考えがあった。しかしその後の研究によって，堅頭類の分厚い頭骨の内部構造は強い衝撃に耐えられなく，頭をぶつけあっていた可能性は低いとされた。そのかわり，頭骨はケラチン質のもので装飾され異性にアピールするために使われていたという考えもでてきた。どの説が正しいにしろ，堅頭類の頭頂部のかたちに扁平なものとドーム状のものが存在することから，それぞれの生活に重要な用途で使われていたものであるのは間違いないだろう。

●堅頭類 (Sereno, 2000 より)

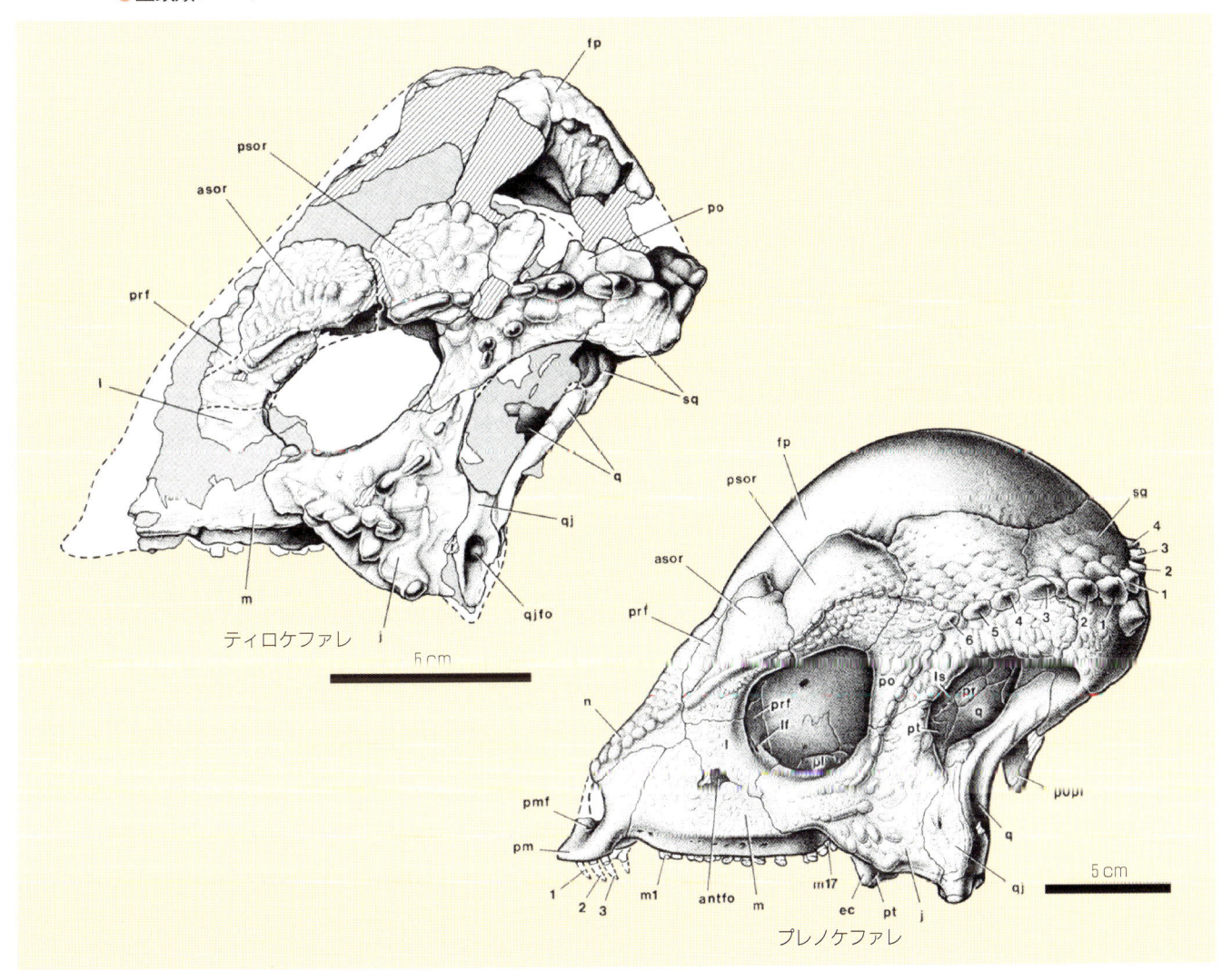

ティロケファレ

プレノケファレ

Sereno, P. C. 2000. The fossil record, systematics and evolution of pachycephalosaurs and ceratopsians from Asia; pp. 480–516 in M. J. Benton, M. A. Shishkin, D. M. Unwin, and E. N. Kurochkin (eds.), The Age of Dinosaurs in Russia and Mongolia. Cambridge University Press, Cambridge.

ホマロケファレ・カラソケルコス *Homalocephale calathocercos*

分類：鳥盤類 堅頭類 ホマロケファレ類
時代：白亜紀後期
産地：モンゴル南西 ネメグト

　ホマロケファレの頭頂部は平たく，そのまわりには骨質のコブが数多くみられる。堅頭類は頑丈な頭骨のみが発見されることが多いが，この標本は体の部分も保存されたひじょうに貴重なものである。堅頭類の体には全身で衝撃を吸収するためと思われる構造がみられるため，頭をぶつけあっていた証拠であると考えられたこともあった。しかし，頭骨の細部構造を分析した結果，衝撃に耐えられないことが指摘されている。また，ホマロケファレの尾は腱により補強されていた。これは尾をもちあげて体を水平にすることで，重く分厚い頭とバランスをとるためであったと考えられている。ホマロケファレのように平らな頭骨をもった恐竜は，モンゴルからゴヨケファレが，カナダからオルナトトルスが発見されている。

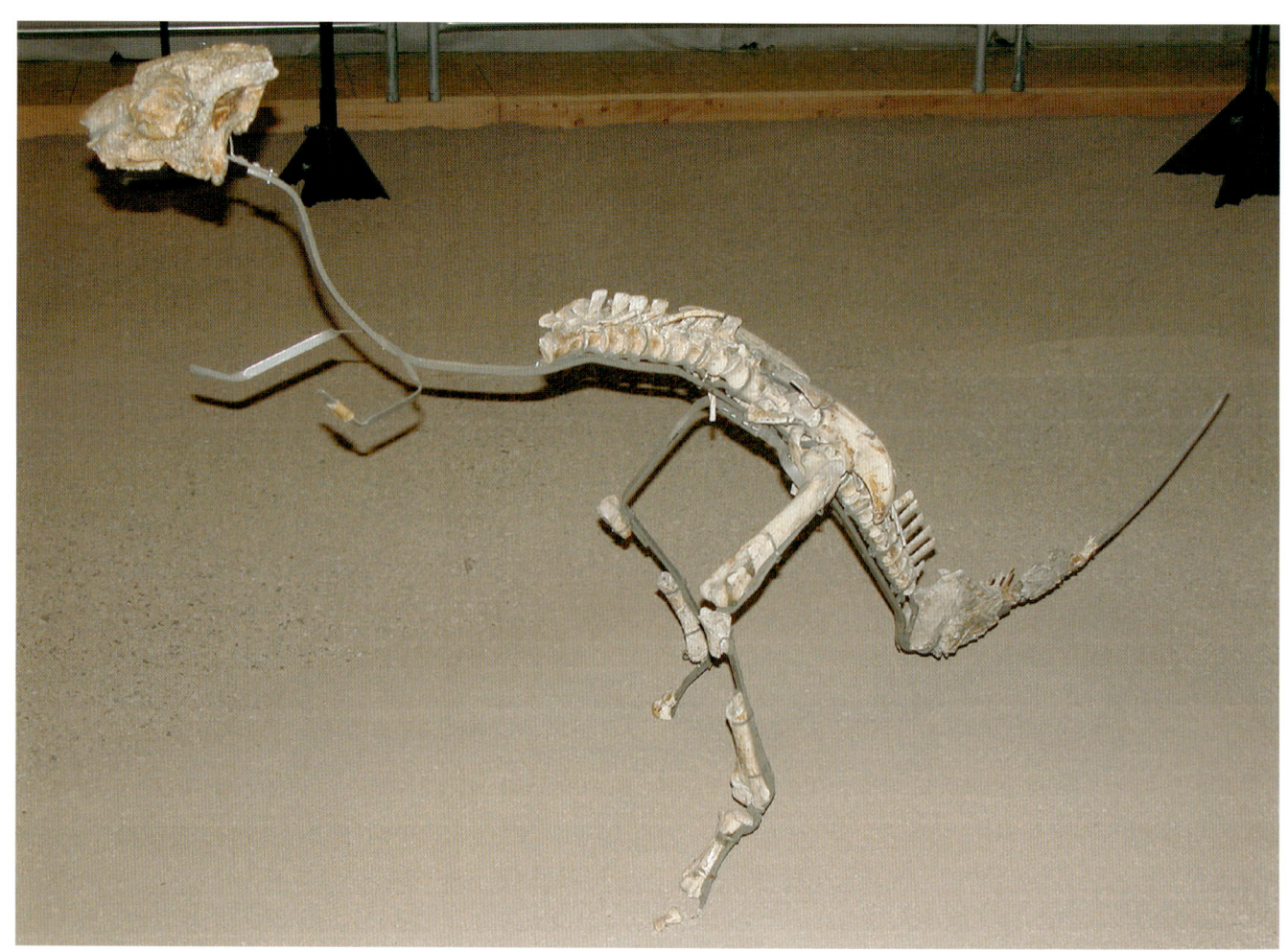

ホマロケファレの全身骨格

鎧を身にまとった恐竜
鎧竜類

　鎧竜類は四足歩行の恐竜で，1つの骨のかたまりのような頭骨をもち，骨でできた装甲板をしきつめることで体を保護している。アフリカを除くすべての大陸（南極を含む）から鎧竜類は発見されており，その生息期間はジュラ紀後期から白亜紀末にまでおよんでいる。鎧竜類はアンキロサウルス科とノドサウルス科の2つの大きな系統からなり，さらにアンキロサウルス科のなかで進化したものがアンキロサウルス亜科とされている。モンゴルの鎧竜類はすべてアンキロサウルス科に属し，さらにシャモサウルス以外はすべてアンキロサウルス亜科である。ノドサウルス科のものは発見されていない。

　モンゴルの白亜紀前期（Aptian-Albian）の地層から発見されたシャモサウルスは，比較的原始的なアンキロサウルス科であると考えられている。中国の同時代の地層からゴビサウルスが知られているが，この恐竜とシャモサウルスは，頭骨の類似性からたがいに近縁な関係にあるとされている。シャモサウルスの頭骨が36セン

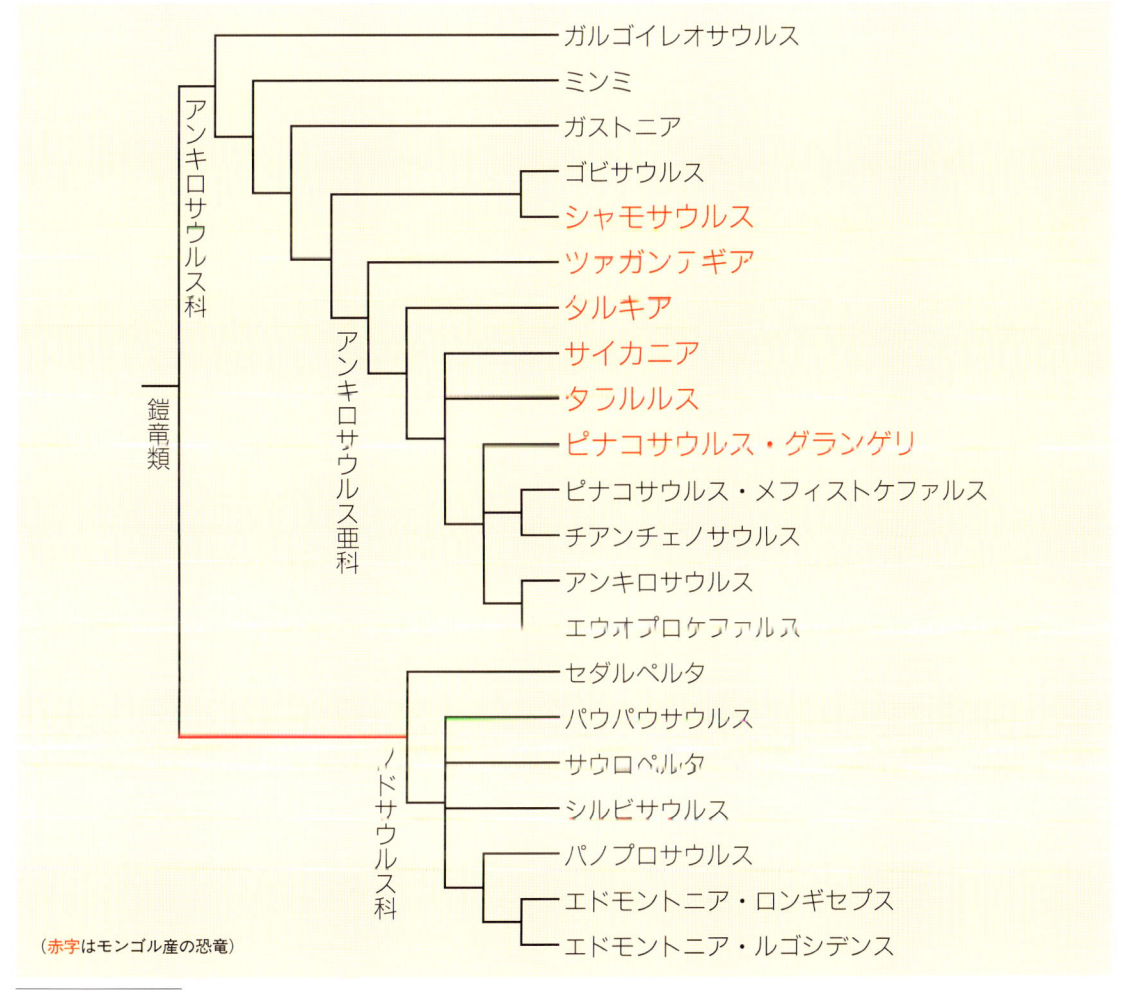

●鎧竜類の系統樹（Vickaryous et al., 2004 を参考に作成）

```
鎧竜類 ┬ アンキロサウルス科 ┬ ガルゴイレオサウルス
        │                   ├ ミンミ
        │                   └ アンキロサウルス亜科 ┬ ガストニア
        │                                        ├ ゴビサウルス
        │                                        ├ シャモサウルス
        │                                        ├ ツァガンテギア
        │                                        ├ タルキア
        │                                        ├ サイカニア
        │                                        ├ タフルルス
        │                                        ├ ピナコサウルス・グランゲリ
        │                                        ├ ピナコサウルス・メフィストケファルス
        │                                        ├ チアンチェノサウルス
        │                                        ├ アンキロサウルス
        │                                        └ エウオプロケファルス
        └ ノドサウルス科 ┬ セダルペルタ
                         ├ パウパウサウルス
                         ├ サウロペルタ
                         ├ シルビサウルス
                         ├ パノプロサウルス
                         ├ エドモントニア・ロンギセプス
                         └ エドモントニア・ルゴシデンス
```

（赤字はモンゴル産の恐竜）

Vickaryous, M. K., T. Maryańska, and D. B. Weishampel. 2004. Ankylosauria; pp. 363-392 in D. B. Weishampel, P. Dodson, and H. Osmólska (eds.), The Dinosauria. 2nd ed. University of California Press, Berkeley.

チ，ゴビサウルスの頭骨は46センチあり，どちらも大きな体をしていた。

　一方，モンゴルの白亜紀後期の地層からは，ツァガンテギア，タルキア，サイカニア，タラルルス，ピナコサウルスが知られている。これらの恐竜は，アンキロサウルス亜科のなかでも原始的なものとされるため，アンキロサウルス亜科はアジアに起源があったと考えられる。タルキアはアジア産の鎧竜類のなかでもっとも新しい地層(Campanian-Maastrichtian)から発見されている。サイカニアは全長約7メートルあり，もっとも大きい鎧竜類の1つとされている。鎧竜類の化石は1個体ごとに単独でみつかることが多いのだが，ピナコサウルスは集団で発見されている。現在のところ，ピナコサウルスは2種(ピナコサウルス・グランゲリとピナコサウルス・メフィストケファルス)が確認されているが，ピナコサウルス・メフィストケファルスはピナコサウルス・グランゲリよりもチアンチェノサウルスに類似しているとされている。これはピナコサウルスの成体の化石が少なく，多くは亜成体の骨格をもとにした研究であるため，その種の確実な特徴を比較できていないことが原因かもしれない。今後の研究によって，ピナコサウルスとほかの鎧竜類の関係があきらかになるだろう。また，アムトサウルスという恐竜がバヤンシレ層(Cenomanian-Santonian)から発見されているが，その分類群の有効性は今後議論する必要がある。

サイカニア(小田　隆/画)

サイカニア・チュルサネンシス *Saichania chulsanensis*

分類：鳥盤類 鎧竜類 アンキロサウルス科 アンキロサウルス亜科
時代：白亜紀後期
産地：モンゴル南部 フルサン

　サイカニアはアンキロサウルス科のなかでも，もっともかたい鎧を身につけた恐竜の1つである。その頭骨は幅が広く高さが低くなっていて，頭頂部にはたくさんのコブがあった。口先には幅の広いクチバシがついていて，植物などを食べるのに適していた。サイカニアの鼻が哺乳類のもののように粘膜で覆われて，乾燥した空気を湿らせる働きがあることから，彼らが乾燥した場所に棲んでいたと考える研究者もいる。一方，その体つきや鼻の構造から，水辺に棲んでいたという考えもある。サイカニアの体は横に平たくなっていて，背中から尾にかけてスパイク状のトゲやコブで守られていた。さらに尾は腱でかたく固められていて，その先にはかたい骨のかたまりをもっている。これをハンマーのように振りまわすことで，肉食恐竜から身を守っていたと考えられている。

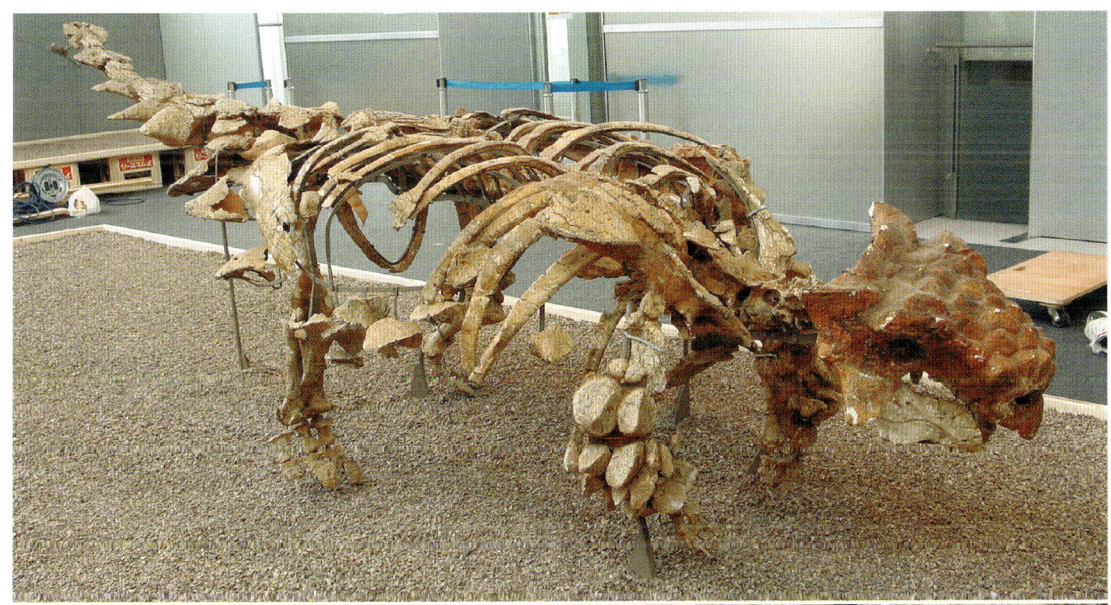

サイカニアの全身骨格

サイカニアの頭骨

恐竜の卵化石

1920年代にアメリカ自然史博物館の調査隊により，モンゴルではじめて本格的な調査が行われた。そのときに，彼らは密集した細長い楕円形の卵をみつけた。はじめての恐竜の巣の発見である。それ以降，モンゴルからは13をこえる卵属(oogenera：卵の分類による"属")が確認されており，そのほとんどが白亜紀後期の地層から発見されている。その卵を生んだ親が誰であるかを追求するには，直接的な証拠または間接的な証拠に基づいた方法がある。もっとも理想的なのは，卵殻のなかに胚の化石が残っていることである。モンゴルからはシチパチ(オビラプトロサウルス類)の胚がそのような状態で発見されている。また，卵が親の体内に残された状態で発見されたオビラプトロサウルス類も知られている。つぎに理想的なのは，卵が親の化石もしくは孵化したばかりの幼体をともなった巣のなかで発見されることである。モンゴルのウハア・トルゴッドからは，抱卵した状態のシチパチ(オビラプトロサウルス類)が数個体発見されている。しかし，たんに卵と骨格化石が同層準からみつかった場合は，必ずしもその骨格化石が親であるとはかぎらない。間接的なアプローチとして，恐竜に近縁なワニの卵や恐竜の一部でもある鳥類の卵を参考にし，卵の構造が原始的なもの(ワニ)から進化型のもの(鳥類)へとどのように変化していったのかをさぐっていく方法がある。進化型の卵(現生の鳥類)の断面は3層からなっているが，原始的な卵(ワニ)のものは1層のみである。鳥類と関係があるとされるトロオドン科，ドロマエオサウルス科，オビラプトロサウルス類の恐竜の卵の断面はその中間で，2層からなっていることが知られている。卵化石からもそれらの小型獣脚類が鳥類と密接な関係であることをうかがうことができる。

モンゴルから発見された卵の化石

● **モンゴル恐竜の卵の種類**(Mikhailov, 2000 より)

卵属	卵の形と大きさ	殻の厚さ	可能性のある卵の親
Spheroolithus	亜球体 / 中型	中〜厚	
Ovaloolithus	楕円体 / 中型	中〜厚	ハドロサウルス科(鳥脚類)
Faveoloolithus	球体 / 大型	厚い	竜脚類
Dendroolithus	球体〜楕円体 / 中型	厚い	
Protoceratopsidovum	長楕円体 / 中型	薄〜中	角竜類(プロトケラトプス，ブレビケラトプス？)
Elongatoolithus	長楕円体 / 中型	薄〜中	獣脚類(オビラプトロサウルス類？)
Macroolithus	長楕円体 / 大型	中〜厚	獣脚類(タルボサウルス？)
Trachoolithus	長楕円体？ / 中型？	薄〜中	
Laevisoolithus	楕円体 / 小型	薄い	
Subtilioolithus	？ / 小型	薄い	鳥類
Gobioolithus	長卵形 / 小型	非常に薄い	鳥類
Oblongoolithus	長楕円体 / 中型	薄い	
Parvoolithus	？ / 小型	非常に薄い	

Mikhailov, K. E. 2000. Eggs and eggshells of dinosaurs and birds from the Cretaceous of Mongolia; pp. 560-572 in M. J. Benton, M. A. Shishkin, D. M. Unwin, and E. N. Kurochkin (eds.), The Age of Dinosaurs in Russia and Mongolia. Cambridge University Press, Cambridge.

恐竜の大量絶滅

　恐竜は白亜紀末の約6550万年前に大量絶滅する。三畳紀後期にはじまり，約1億7000万年間続いた恐竜時代も終わりとなる。このとき，恐竜は完全に絶滅をするわけではなく，鳥類へと姿をかえた恐竜は生き延びることができた。新生代にはいると，地上は哺乳類にとりあげられてしまうものの，彼らは空を支配することで第2の恐竜時代を築きあげる。

　白亜紀末に何があって地上に棲む恐竜たちが絶滅したのか。白亜紀末の時代であるMaastrichtianのモンゴルは，恐竜がもっとも繁栄していた時期といってもよい。タルボサウルス，テリジノサウルス，デイノケイルスなどの巨大な獣脚類，サウロルニトイデス，インゲニア，モノニクスなどの小型獣脚類，ネメグトサウルス，タルキア，サウロロフス，ホマロケファレなどの多彩な植物食恐竜が共存していた。モンゴル以外の世界各地の同時代の地層からも数多くの恐竜化石が発見されている。しかし，これらはすべて，白亜紀末になると姿を消してしまう。恐竜だけではなく，中生代の地球上に繁栄した多くの動植物たちが絶滅をむかえている。

　恐竜の大量絶滅の原因はさまざまな説があるが，その多くは白亜紀末に地球規模で大きなできごとがあり，それが原因で絶滅したと考えられている。白亜紀末には，海水準が低くなり海岸線が後退してしまう現象(海退)が認められている。それまで動植物にとってすみやすい湿潤な環境が豊富に存在していたが，海退によって陸地の占める割合が多くなり，湿潤な場所が減少してしまった。そのほかに，海退は大陸どうしを陸橋でつなげたり，河川の発達をみちびき環境を激変させたりしたという考えもある。また，同時期にインドで火山活動が活発になり，膨大な溶岩が流れだす。この火山活動によって，大気中に大量の二酸化炭素が放出され，環境を大きくかえた可能性が考えられている。さらに，メキシコのユカタン半島に直径10キロ程度の隕石が衝突した。この衝突によって大気中には大量の粉塵が舞い，大規模な火災，気温の上昇と低下，酸性雨，津波など，地球規模で大きな衝撃を与えた。恐竜が大量絶滅したのは，どれか1つのできごとが原因なのか，それともこれらの原因がからみあい生態系に影響をおよぼしたのか，この議論は現在進行中である。興味深いことに，恐竜が豊富に産出しているカナダにおいて，恐竜は約6550万年前にいっきにいなくなったわけではなく，その500万年ほど前から徐々に数を減らし，最終的に絶滅した傾向があるという。上記にあげた短期間でのできごとが原因ならば，約6550万年前に急に恐竜がいなくなるべきである。カナダのように恐竜が徐々にいなくなった証拠があるとなると，もっと複雑な原因で恐竜は絶滅に追いやられたのかもしれない。

　わたしたち研究者が，恐竜を研究する理由はたくさんあるだろう。その理由の1つに，長期間にわたってあれほど繁栄した恐竜たちをいともかんたんに絶滅に追いやった原因は何だろうか，ということがある。現在，人間の人口が66億人ともいわれている。これはどの高等動物でこれだけ繁殖しているのは地球史上，類がない。新生代にはいって哺乳類が繁栄し哺乳類時代を築くが，その繁栄を超越した数字といえ

る。この異常な繁栄は，恐竜の繁栄とくらべることができる。恐竜が，あるいは人間が，成功を遂げ異常な繁栄をする。一方は，何らかの原因で絶滅してしまう。その原因は地球規模の大きなできごとで絶滅をむかえたのかもしれない。もしかしたら，もっと些細な原因だったかもしれない。わたしたち人間の将来はどうなのだろうか。わたしたち人間の文明のために，今までにないくらい速い速度で地球の環境をかえ，ほかの動物を絶滅に追いやっている。地球史上で最速ともいえる速度だ。この環境の急速な変化にわたしたち人間はどのくらい耐えられるのだろうか。恐竜同様，絶滅に追いやられるのだろうか。人間がこれまでの生物とちがう点は，脳の発達にある。わたしたちには考える力があり技術をもっている。この力のために65億という，生態系にも無理をかけるほどの繁殖を可能としてきた。今度は，その考える力をじゅうぶんに発揮して，わたしたちの子孫のために環境の維持・改善を考える時期なのだろう。

恐竜化石の発掘風景　　　　　　　　　　　　　　　　　　　　　　恐竜化石産地

ゲルを張ったキャンプ地での夕焼け

恐竜産地での日没

テントでのキャンプ

ラクダの群れ

ワジ（水が枯れた川のあと）

地層の様子

地層の様子

恐竜化石産地

恐竜化石の発掘過程

恐竜化石を発見

発掘の様子

発掘の様子

化石を掘りだしている様子

恐竜化石を取りだす過程（クリーニング作業）

石膏で固め化石を取りだしたところ

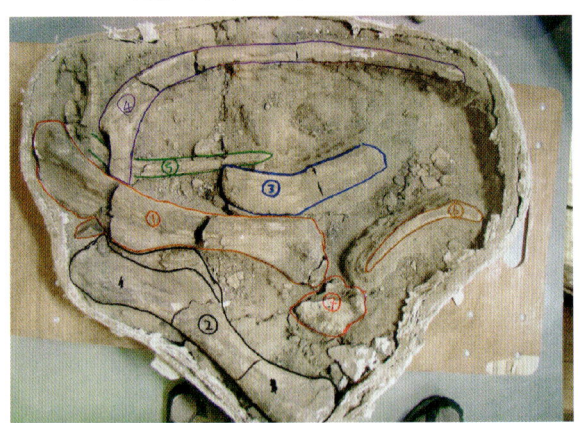

化石の保存されている様子

化石を取りだしているところ

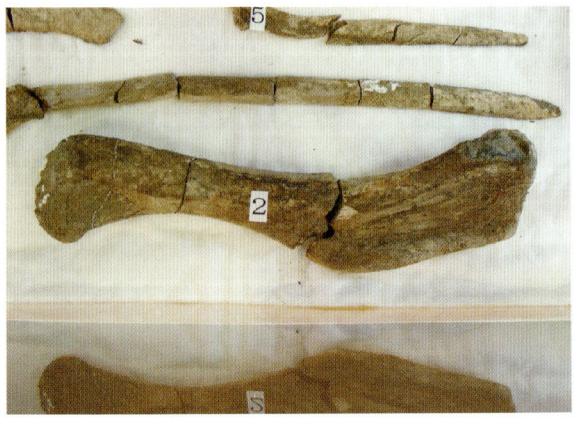

取りだされた恐竜化石

恐竜化石の組み立て作業（佐賀県立宇宙科学館にて）

● サイカニア

● サウロロフス

小林　快次（こばやし　よしつぐ）

1971年福井県福井市生まれ。1995年アメリカ・ワイオミング大学地質学地球物理学科卒業。2004年アメリカ・サザンメソジスト大学地球科学科で博士号を取得。現在，北海道大学総合博物館助手。獣脚類恐竜のオルニトミモサウルス類を中心に，恐竜の分類や生理・生態の研究をしている。著編書に『日本恐竜探検隊』（岩波ジュニア新書）がある。

久保田　克博（くぼた　かつひろ）

1979年群馬県邑楽郡大泉町生まれ。2002年筑波大学第一学群自然学類卒業。現在，筑波大学大学院生命環境科学研究科博士課程在学中。モンゴルから発見されているドロマエオサウルス科の記載・系統を中心に，鳥類と恐竜の関係やドロマエオサウルス科の生態を研究している。

特別協力

　リンチェン・バルズボルド（モンゴル科学アカデミー古生物学センター）
　高橋　功（NPOモンゴル恐竜基金）

生体復元画

　小田　隆

写真提供

　マーク・ノレル（アメリカ自然史博物館）
　徐　星（中国科学院古脊椎動物古人類研究所）

モンゴル大恐竜

発　行
2006年7月25日　第1刷

著　者
小林快次 ©
久保田克博

発行者
佐伯　浩

発行所
北海道大学出版会
札幌市北区北9条西8丁目 北海道大学構内（〒060-0809）
Tel.011(747)2308/Fax.011(736)8605・振替02730-1-17011
http://www.hup.gr.jp/

図書設計
伊藤公一

印刷・製本
株式会社アイワード

ISBN4-8329-0352-7